弘兼憲史
客訴處理入門

弘兼憲史・著
王美智・譯

商周出版

前言

近年來，企業相當重視的服務之一就是顧客滿意度。對於來自顧客的要求——「顧客投訴」，為了能夠順利地做出「顧客滿意對應」，同時獲得支持者，因此要致力於商品的改善與開發。

但是，在現場實際面對顧客的抱怨與接待時，真實的狀況是不可能永遠都說客訴是「寶貴的資訊來源」。只用以顧客滿意為前提的對應手冊是不足以應付的，因為現在令人困擾的意見與惡質的顧客投訴越來越多了。像這樣的情況，除了顧客滿意度之外，額外的「危機管理對應」變得很重要。

本書從負責人所煩惱的該如何對應令人困擾的意見開始，依序說明在顧客投訴對應的基本下如何做到顧客滿意對應、增強顧客投訴部門的組織，接著介紹惡質顧客投訴的對應法。

人在沒有心理準備的情況下面對激烈的怒氣，腦子當然會一片空白。然而，拙劣的對應會讓說話變得難聽、惡質的顧客投訴也會讓人更加害怕。所以為了不要不敢面對、逃避或是孤軍奮鬥地面對顧客投訴，培養正面面對顧客投訴的勇氣與智慧是必要的。

若是做好萬全的準備，可以站穩腳步正面迎接最初的一擊，不管什麼樣困難的顧客投訴，都能夠克服。我想這本書能助大家一臂之力。

目次

目次

Part 3 先道歉、冷靜聆聽、誠實地應對
～對應的基本～

目次

Part 5

對疑似犯罪的行為和要求，要會保護自己

～針對惡質客訴的對應與法律常識～

目次

發生顧客投訴！你會如何應對？

面對顧客的抱怨時，你會做出什麼樣的對應呢？請依照自己的對應方法來回答。為了更委婉的解決問題，這個測驗可以讓你看出如何補強優點，以及應該改善的缺點。左邊的問題以○×來回答，請想一想選擇的理由。

Q1

在釐清責任歸屬之前，決不道歉

○ | ×

Q2

就算顧客有錯，也仔細聆聽。

○ | ×

顧客投訴是什麼

顧客或服務的受益者，對於組織提出具體的不滿或要求，即是顧客投訴（客訴）。英文的「Claim」原本就有「主張、要求權利」的意思。

Q3

跟自己沒關係的抱怨，
顯得事不關己

○ ×

麻煩的客人，你去應付！
我才不要，你去啦！

ズイ

Q4

為了早點解決問題，
多多少少付點錢是不
可避免的。

○ ×

Q5

如果對方是黑道，找
警察幫忙。

○ ×

Q6

顧客投訴很糟糕，最好都不要有。

○ ×

← ○×的對錯與解說請看下一頁。

不可以這麼做
糟糕的對應類型

下面六項是面對惡劣顧客投訴應對的代表例子。你是否也有這樣的情況？請測驗一下。

逃走

逃避應對難纏顧客的投訴，或是把這差事推給部下去做（請看Part2）

變得恐慌

面對大聲的怒罵，腦子變成一片空白，因而焦躁地應對。這樣反而使問題更加複雜。（請看Part2、5）

無法道歉

就算自己想要道歉，從旁人眼光來看，並非真誠地道歉（請看82頁）。

聽不下去

沒辦法做到讓顧客覺得「我有聽你說」的樣子（請看88頁）。

與顧客正面衝突

認為顧客正面衝突就是輸了，但顧客投訴對應並沒有所謂的勝負。

隨顧客起舞

隨對方的步調、附和、怯懦、接受要求。

解說

Q1 ✕

毋庸置疑，讓顧客感到不愉快了，應該為此道歉。（請看82頁）
在Part3，認識基本的應對。

Q2 ○

不管對方是什麼人，不要忘了表現出仔細聆聽的態度。（請看88頁）
在Part3，確認基本的應對。

Q3 ✕

顧客投訴不只是個人的問題，也是組織的問題。不可以說跟一般員工沒有關係。
在Part4，認識組織的應對。

Q4 ✕

這種一籌莫展的情況下，更不可以依賴簡單容易解決的方法。（請看94頁）
對所有的顧客一視同仁公平對待。（請看76頁）

Q5 ○

面對帶有犯罪性質的惡質顧客投訴，要記錄往來的做法，請警察協助。（請看148頁）

Q6 ✕

顧客的不滿是因為期待的落差。比起完全沒有顧客投訴，好好地接受並處理顧客投訴更重要。請看Part2。

Part 1

克服困擾的客訴和投訴者

從困難的客訴案例開始

近年來，難以應付的顧客投訴越來越多，要冷靜地對應，就必須先在腦中儲備各種形式的對應方法。

區分類型，準備不同對應方法

◆ 設想難以處理的顧客投訴

認識各種類型

對於有特定態度的顧客（參照第16頁～），不管是什麼理由、有什麼目的，都要先了解。雖然不見得會遇到全部的類型，但卻有助於決定應對的方式。

認識慣用句與回答的話術

也有那種帶有惡意、特定話術（參照第38頁～）的顧客，要先知道在他們的台詞背後，隱含著什麼樣的意圖。這樣就無須擔心被言詞給愚弄了。

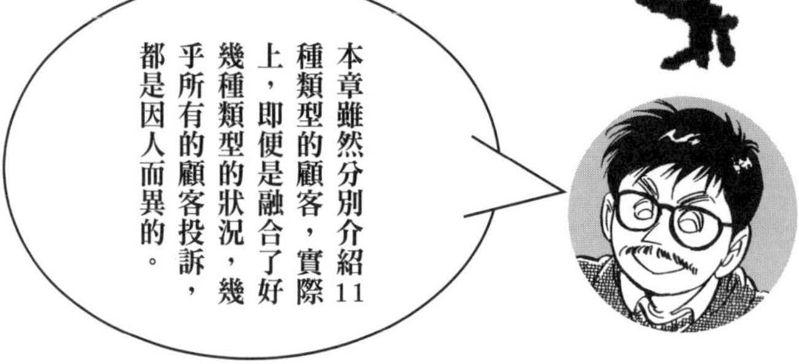
本章雖然分別介紹11種類型的顧客，實際上，即便是融合了好幾種類型的狀況，幾乎所有的顧客投訴，都是因人而異的。

近年來，讓負責人煩惱的顧客投訴越來越多。應對稍有差池的話，不但流失顧客，商店的評價變差，負面的連鎖反應也相繼而來。縱然覺得很委屈，但多多少少也不得不處理。

對付困難的顧客投訴，重要的是，事先要區分令人困擾的顧客投訴的類型，然後在腦中已經有了各種的對應方法。能夠預測對方的狀況與手段的話，就能夠冷靜而平順地做出初期對應。

就算是令人困擾的顧客投訴，應對的基本與正當的顧客投訴（第60頁）是沒兩樣的。就算誠實的對應也不放手，還繼續做出不當要求的話，就改為風險管理對應吧！（第136頁）

◆ 令人困擾的顧客投訴，對應的基本也是一樣的

1 對於顧客的不愉快，要打從心裡表示歉意

產生抱怨的時候，不要有先入為主的觀念，首先要對顧客表達的抱怨表示歉意。一開始就辯解或是提相反意見的話，只會讓顧客的不滿爆發出來。

2 好好傾聽顧客的話

傾聽對方的說明時，可以找出抱怨的原因與解決方法。冷靜而仔細地傾聽，也可以判斷出對方是否帶有惡意。

3 記錄顧客的名字與連絡方式

如果不知道是哪裡的誰有抱怨，就沒辦法處理。因為沒有對象的情況下，也無法向公司報告。

對於不想報上姓名的顧客

「這是為了要好好處理顧客的問題而必須做的流程。因為在處理上這是相當重要的部分，請務必告知您的姓名與連絡方式。」

因為是處理上的必要事項，所以要把重要性傳達給對方知道。

如果出現這種客訴

沒常識型 理所當然的事情也講不通

事例

有腥味的魚不能吃？

前天買了魚回家的顧客打電話來抱怨。

「我已經放進冰箱冷藏了，但味道很奇怪。好像臭掉了。」

因為顧客就住在附近，賣場的兩個負責人馬上去拜訪。看到的是極普通的魚，並沒有壞掉，也沒有任何問題。原來是那個顧客第一次買了生魚片以外的魚，所以並不知道原來魚本身就有腥味。

對應

說服也解決不了
客氣地進行詳細的說明

只想說服顧客、就算自認為沒有錯，也解決不了問題。對於因為無知產生問題的顧客，要用不會讓對方感到羞愧的方法來對應。

所謂義務教育，是監護人有讓孩子接受教育的義務。

學校有教育孩子的義務吧？因為是義務教育，所以請快點想辦法。

一句話讓對方冷靜

若是被當面指責有錯，不管是誰都會無法忍受。所以處理時，希望不要讓顧客有不好的感覺。

充分地傾聽顧客的話

講話途中不要插嘴，認真地將顧客的話聽到最後。

↓

用一句話開始說明

「真的很抱歉，……」
「沒能為您做什麼，真的很令人難過，……」

加上左邊那樣的開場白，接下來的說明對方就能比較容易繼續聽下去。考慮到顧客的感覺，以不會讓他覺得不好意思的方式說明。讓顧客發現是自己搞錯了的說明是最好的。

↓

用感謝的話與道歉的話來結束

「非常感謝您的洽詢」
「造成您的誤會，我們覺得非常抱歉」
「沒能好好說明，給您添麻煩了」

對於詢問表示感謝，並對誤會表達歉意，就能讓顧客比較釋懷。

advice

不要有「理所當然、這是常識」的想法

就算自己覺得是常識，對周遭的人來說也不見得如此。組織內或業界認為理所當然的事情，也有不適用在一般的顧客身上的。要把公司的常識當作社會的非常識來想。

如果有「這種事大家多少都知道吧」的想法，說話者不知不覺就會把這種想法流露出來，當然也會被顧客察覺。所以對應的時候，一定要注意說話用字的選擇與態度。

店家如果抱持著因為知道而理所當然的態度，甚至有可能會認為顧客沒常識。

如果出現這種客訴

賣弄知識型

以專業知識為武器來申訴問題

事例

「沒有更了解的人嗎？」

家電產品的服務窗口，每週都會有以自己的知識為傲的顧客申訴案件。

實際上，與其說使用上有什麼不便的地方，他們更想知道的是關於細部零件的製造工廠名稱、要求說明產品架構等等，屬於宅男系的申訴。

這些人擁有幾乎是專家才知道的知識，他們只是來要求「請給我可以說服我的說明」，並不是想要一般的對應。

對應

用知識與之對決只是浪費時間。無法在對等條件下進行。

員工與顧客的立場是不同的，並不是要比賽知識，而是要思考怎麼做才能滿足顧客，坦率地向對方請教、也許顧客就會覺得很滿意。

在商品知識上不能與之競爭，對身為專家來說，應該很不甘心吧！

知識比顧客還要貧乏雖然很可惜，但是抱持著向具備豐富知識的顧客學習的態度是很重要的。用正面的態度領會顧客的指責，抱持著吸收學習的心態。

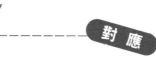

就算有知識也不要給特別待遇

對待知識豐富的顧客要和對待沒知識的顧客一樣，不要有差別待遇。不過，制式化的待客也是不好的。

對業界熟悉的對手

「謝謝您的指教，我會向公司報告，希望能夠儘可能地改善。」

遇到在其他公司工作的同業，會因為專業知識的驅使，而有細微處的訴求。在非不當的要求下，要謹慎有禮地回應，表現出妥善處理的態度。

精通交涉的對手

「我們的回應如之前所說的，非常抱歉。除此之外的問題，我無法做主。」

用歪理、誘導質問等製造對自己有利的交涉之對手，不能用完全對抗的方式。不要同意也不要反對，只要確認對方的說法，不要馬上回答。

剛剛我說的話也許有點過頭，但是……
因為我認為這裡的服務是世界第一，是不能原諒有一點點態度上的鬆懈。

「因為太喜歡，所以不能原諒」

因為自尊心的偏執所造成的原因

顧客有狂熱的知識，也就是抱有強烈興趣的證據。因為強烈的喜好，所以一點點的小事情就會來投訴。對應的祕訣就是充分尊重顧客帶有深厚情感的自負。

把來自貴賓的投訴當作是特別貴重的意見，用正面的態度領會。

如果出現這種客訴

顧客至上型

不要以為什麼事都是顧客至上

事例

因為是顧客，所以什麼都ＯＫ？

這是來自巴士旅遊的導遊的案例。有一天，一趟旅遊中的男性遊客，不斷提出無理的要求。投訴「餐點好難吃」、「觀光時間太短」等，還不斷提出「我要優先」、「為了炒熱氣氛，跳個脫衣舞吧」等越來越過分的要求。

因為覺得顧客的話不管怎樣都要聽從，但光應付就很累，而且我覺得也對其他客人造成困擾了。

對應

追求顧客滿意很重要。
但是，對於不斷提出不合理的
要求時，要改變對應的方法。

員工不是顧客的下屬，做不到的事情就說做不到，明確地拒絕也沒關係。因為受到關注而得寸進尺、不斷提出要求的情況下，也可以做出發警告信等的對應。

考量顧客的目的

- 是否要求正當的權利？
- 為了解除壓力？
- 以金錢為目的的可能性有多高？
- 有心理方面的疾病嗎？

儘管與顧客的立場是對等的，但搞不清楚狀況的人還是很多。

如果是壓力的關係，很容易會顯現出來；如果是因為金錢目的的不當要求，除了要特別注意之外，如果明白訴求的目的也會比較容易對應。

慢慢加強警戒

誠實地道歉、真誠地對應、說明，但對方仍繼續提出無理要求的時候，請換風險管理人員來對應（參考136頁）。

要求太過分的時候，給個軟釘子碰

「這位客人，真的很遺憾，
這個對我來說很困難。」

謹慎地應對，對於做不到的事情，要傳達給對方知道。把自己的想法傳達給對方，取得諒解。

階段性提高注意的程度

「實在非常抱歉，再這樣下去的話，會困擾到其他的顧客，我們會做出適當的處置。」

斷然拒絕、除了要表達我方的考量，如果繼續要求下去，可以一點一點提高警告。

遇到顧客喝醉酒的情況

在一定時間內，先聽對方說，然後確認他的連絡方式。有暴力相向、危險的情況時，為了不打擾到其他顧客，可以請警衛或警察來支援。
在引導女性顧客離開的時候，為了避免產生性騷擾的誤解，請女性員工也在場陪同。

隔天，打電話給對方，重新說明。談到喝醉酒的情況時，要注意不要引起顧客的不快。

如果出現這種客訴

頑固的說教型

像指導者一樣的行為

事例

每週固定出現的建議

本人是寢具賣場的售貨員，有一天，有個顧客跑來建議店內的陳設。我以為是同業，對於他的各種指教，由衷表示感謝。

但是，因為這樣的態度，那個人竟然每週都來賣場，開始指導各種事情，包括該如何接待其他顧客。這該怎麼辦才好？

對應

虛心接受指教，表達感謝之意。但如果是頻繁地指導，造成業務上的障礙時，則要表示拒絕。

雖然仔細聆聽、表達感謝之意很重要，但要有限度。在不使顧客覺得受傷的情況下，委婉地表示拒絕。。

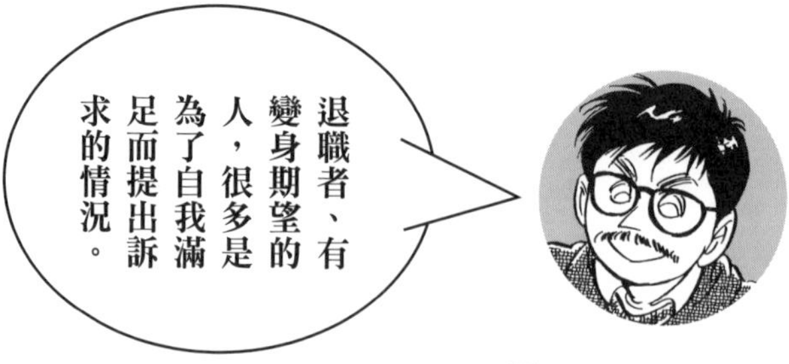
退職者、有變身期望的人，很多是為了自我滿足而提出訴求的情況。

像上司似的行為者

針對服務員的接客態度等提出意見。因為他們會堂而皇之地指導，很容易讓人誤解他是相關的人員。

像消防員似的行為者

對於滅火器的設置場所、逃生路線等，提出專家似的意見。也有那種喜歡被當作是專家的人。

在不傷感情的情況下

當作顧客是為了店裡好而提出意見。打斷對方的話、不經考慮就提出反駁，會惹惱顧客。

表示感謝

對於回饋的意見，要表達由衷的感謝。實際上，仔細聆聽的話，會發現很多是很寶貴的意見。

「非常感謝您寶貴的意見。如同您所說的，我們也深有同感。」

對於過於頻繁的指導，要表示婉拒

頻繁的指導會妨礙業務的進行，在表示感謝之後，要委婉地暗示拒絕之意。

「……，不過因為業務正在進行中，對於其他顧客可能無法充分地接待。非常抱歉，關於您提到的問題，可否讓我們再稍微考慮一下？」

> **也可以試試如下其他的說法：**
> **「敬請見諒。」**
> **「請再考慮一下。」**

傳達以後也請多指教

請求顧客今後也繼續支持。

「很多不周到之處，非常抱歉。今後也請希望您以顧客的立場支持、守護我們。」

如果出現這種客訴

跟蹤狂型

糾纏特定的員工

事例

盯著女性員工不放

既然是服務業，就要笑臉迎人，隨時注意讓顧客保持好心情來購物。但是，最近有個會錯意的客人，每天差不多時間到店裡，不是跟在身邊打轉，就是眼睛緊盯著我。因為有時候還是會買東西，所以也不能拒絕他上門。

如果跟其他顧客講話的時候，那個人就會用很可怕的眼神凝視著我，很擔心是不是因此被記恨在心了？

對應

就算對方是顧客，也毋須忍耐。
告訴他要報警處理了，請他馬上停止。

員工的說法也要和顧客的說法一樣仔細聆聽，並確認真相。另外，如果是顧客的問題，不可以讓員工一個人面對，整個公司都要作為員工的後盾。

advice

放著糾纏不管，會有來自員工家屬的客訴！

顧客糾纏的行為漸漸會變本加厲，如果公司什麼也不做、放任不管，下次可能就會接到來自員工家屬質疑「為什麼公司都不做任何對應」的客訴。

如果事件真的發展至此，不能充分掌握，最後也會變成企業的責任。不可避免的會受到社會的責難，從商業面來說，也會蒙受巨大的損失。

如果不協助員工解決來自外部的問題，就會逆向變成來自內部的批評。

因為〇〇小姐你的應對很糟糕，如果你真的有反省，就自己一個人來我家賠罪吧！

絕對不要讓女性單獨去拜訪顧客

被叫去拜訪，要考慮發生壞事的可能性。請男同事陪同，甚至是負責人親自去拜訪等，慎重地應對。不要給對方私人的連絡方式。

階段性的注意事項

注意糾纏

保持沉默，只會促使顧客的行為變本加厲。要清楚表示希望對方不要再這樣做的意思。

「這位客人，因為你造成我們工作上的困擾了，請不要再糾纏我們的員工。」

強烈警告

警告對方說明不要再這樣做之外，如果還是繼續糾纏的行為，要慢慢加強警告的態度。已經加強警告，行為還是沒有改善的話，就做筆記或錄音當作證據。

「員工無法做個人的接待，如果還繼續糾纏，我們就不得不採取必要的措施了。」

告訴對方已經向警察報案

在告知已經向警方報案的情況下，很少會有不收手的。如果這樣還是繼續糾纏不清，就帶著相關的聯繫記錄，向警方報案。

「我們不會再漠視這個問題。已經都跟警察報告過了。如果還繼續糾纏，就要採取法律手段了。」

如果出現這種客訴

激情型

情緒激動又突然變得歇斯底里

事例

真正的原因是失戀？

顧客來店裡反應：「剛買的音響壞掉了，放不出聲音來。」

雖然是經常來光顧的客人，但他氣得臉漲紅、用咄咄逼人的態度怒斥的樣子好像變了一個人，對於我們的說明也完全聽不進去。跟情人吵架分手的導火線也歸究於音響故障。也許還有其他的原因讓他變得歇斯底里吧……。

對應

讓對方平靜下來，冷靜地仔細聆聽

當顧客情緒高張的時候，要尋求別的管道。首先，在可以讓他平靜下來的環境裡，花一定的時間聽他說會比較好。情緒發洩完了之後，才有餘裕會聽我們的解釋。

歇斯底里的理由因人而異

沒有發洩憤怒的餘地

在誰都沒有責任，找不到憤怒發洩對象的時候，發洩不了的怒氣就只好忍下來；而其中隱忍已久的情緒可能就此爆發出來。

抱有強烈的期待

例如關係到孩子或孫子的事情、或是紀念日等重要時刻，抱有強烈期待，但結果卻不是那麼回事時的反動也會很強烈。

具有惡意

故意引起恐慌、想要藉機取得金錢方面賠償的例子（詳情請參考part5）。
這個時候，也要冷靜地傾聽。

使情緒冷靜下來的方法

如果能夠使心中怒氣一吐為快，情緒就會冷靜下來；請塑造使顧客容易表達想法的狀態。

這位客人，請到這邊來，我來聽你說。

平靜地說話，並移往其他場所

從賣場離開，移到接待室等安靜的場所。只要環境改變，情緒也會冷靜下來，才能好好談話。這樣也不用擔心會打擾到其他的客人。

交給負責人

對於待客態度的客訴，讓同一個工作人員去面對也解決不了問題，也有使情況變得更糟糕的例子。交給上司，以「作為主管，非常抱歉」去聽對方說也是一個好方法。

改天再找機會談一談之類，用時間讓他可以冷靜下來也是一種方法。

用否定的話不如給予部分的肯定

就算做不到，以否定的說話方式來結束一定會造成對立。給予部分的肯定，其他的部分則是不管用什麼手段，都要提出有建設性的建議。站在對方的立場，用對方容易接受的方式說話。

「對我來說，〇〇〇是做不到的。」

↓

「關於△△△，是可以給予回應的。」

如果出現這種客訴

打發時間型 對負責人滔滔不絕地嘮叨

事例

客訴是顧客的樂趣？

退休的人和附近高齡者，經常到店裡邊抱怨邊聊天。這種情況在換季和初春的時候特別多。

只要看到這樣的顧客，就知道投訴只是想要別人聽他說話、打發時間，最好還能因為抱怨拿到道歉的禮品或是商品折價券等好康。雖然可能是以小人之心度君子之腹，但應該怎麼應對這樣的客人呢？

對應

在時間許可下，傾聽顧客的聲音 也可以想成是工作的一部分

如果有時間、精神應付這樣的顧客，也許會創造極佳的服務。如果對員工造成過度的負擔，則必須討論對策。

打發時間型的分辨重點在於對方想要的不是強烈要求改善或是補償的部分。

也許是因為看起來很閒，所以客人才來攀談？

忙著工作的人是很難攀談的。
去打掃窗戶或是棚架、整理商品陳列打掃，讓自己看起來不要太閒比較好。

決定組織的方針

對於這種類型的顧客，組織應該決定如何應對，這樣現場的工作人員才能有自信地面對。

客戶專用免付費電話每天都有同樣的人打電話來

對業務造成妨礙的情況下，拒絕對方

「這位顧客，這個服務電話是提供給大家的，因為還有其他客人在等候，很抱歉，再見。」

不斷打來的話，告訴對方：「如剛剛所拜託的，因為造成其他顧客的困擾，敬請見諒。」然後盡快掛掉。

充分聽對方說話

如果不是病態的執念，讓顧客充分表達，仔細聽對方說，就會讓他滿意。不過中途想要中斷對方可能很困難。

改成回撥方式也是個好方法

先問對方的電話號碼，表示會再回撥。因為顧客不得不公開個人資料，比起匿名的免付費電話，打發時間型的電話也不容易再打進來。

我今天來是因為○○○先生態度很不好，比起過去的新進員工……
ポリポリ

打發時間型裡的說教型（22頁）或跟蹤型的人（24頁）也有可能是同一類的。

如果出現這種客訴

異常潔癖型

因為病態的神經質，而不斷來抱怨

事例

不乾淨的杯子會讓人生病？

喝了餐廳端出來的水杯的顧客，突然驚慌了起來。

因為那個杯子留有小小的痕跡，所以顧客抱怨：「用髒杯子喝水，害我把細菌也喝下去了。」

那個客人竟然還說：「如果因為這個細菌導致我生病的話，以後我的人生該怎麼辦啊？」

對應

對自己的錯，誠心誠意地道歉。對應態度要徹底做到公平、公正。

就算髒的部分是通常不會注意到的小地方，也是我方的錯。打從心底道歉、並換上乾淨的杯子，這種狀況下，顧客將杯子的髒與病菌、未來的疾病連結在一起是無理取鬧。而顧客有所擔心，也不要給予特別對待。

每天都要注意不要太草率，重要的是不要讓客訴有萌芽的機會。

「恢復原狀」的原則

要切記客訴對應的基本是「恢復原狀」。替換不正常的物品、修理壞掉的東西、退錢等，越接近發生問題前的狀態，就是對應的基本。

用同理心跟對方說話

不要只考慮我方的立場與想法，要能站在顧客的立場來想。一起體會痛苦的事情、困擾的事情。

謝罪

對於感到不舒服或恐懼的顧客，要誠心地道歉。如果是因為我方的錯誤，更要坦承地表示歉意。

「對不起，這是我們的錯。造成您的不愉快，我們感到非常抱歉。」

用同理心去感覺、對應要公平

對顧客的困難狀態表示理解，但要表示無法針對個人給予特別的對待。

「如果因此帶給您精神上的痛苦，我們感到相當痛心。」

「但是，我們不能只針對您給予特別的對待。我們對於所有的顧客都必須一視同仁對待才行。

對顧客永遠要公平。

關心顧客，盡量表示會盡力

因為是我方的錯誤所造成的，如果顧客感到極度的不安，我方就要負起醫療診察的責任。。

「當然，如果您很擔心的話，我們希望您能去做檢查。如果有異常，且我們的責任很明確的話，屆時我們一定會確實做出回應。敬請諒解。」

「如果沒有明確的責任，就無法賠償」這種否定的話千萬不要說出口。

如果出現這種客訴

被害妄想症型

自以為是的誤解

事例

只是笑臉迎人而已

跟往常一樣，對於來店的客人都以笑臉迎接並問候，沒想到有顧客發怒地說：「你為什麼看到我就笑？」

身為工作人員只是有精神的打招呼，帶著好心情去迎接顧客而已，沒想到突然產生這種抱怨，一時驚慌失措趕忙道歉，沒想到顧客的怒氣一發不可收拾：「你看著人家的臉笑，是把我當傻瓜嗎？」

對應

一邊細心注意，一邊說明，也許就能化解誤解。

化解顧客的誤解，就能解決客訴。一個人去應對，不如跟著其他工作人員一起。不過，要注意不可以用「誤解的客人自己不對」的說明方式。

注意不要導向其他的問題

例如，對來自高齡者無理的抱怨表示：「我們無法接受你的要求。」斷然拒絕的時候，會有「因為是老人所以有差別待遇嗎？」的抱怨，這時抱怨就會轉向針對社會上弱者的差別待遇上。

用團隊合作化解危機

一個人無法應對的時候，多幾個人分擔不同的角色去對應，取得顧客的諒解。

道歉並解開誤解

對於正在氣頭上的顧客，就算解釋理由，他也聽不進去。一開始先好好道歉，讓顧客成為能夠聽得進去的狀態。

「如果讓您覺得不愉快，請原諒我們。然而，我只是向您打招呼，用愉快的心情迎接您來店裡而已。」

其他的工作人員跟著照辦

不只是本人，遇到不容易解決的客訴情況時，前輩或是上司應該出來幫忙辯解。作為責任者，希望能夠以中間人角色表示歉意，且順水推舟要做得自然。

「很抱歉，這完全是您誤會了。您覺得迎接顧客的笑臉背後懷有什麼惡意，但○○○絕對不是那樣的人。」

「所以，希望您能諒解。」

advice

不管什麼事情都覺得是別人害的

被害妄想症型的人，為了保護自己，若不把別人當作加害者的話，就不會安心。因此，如果發生問題，會認為是社會的錯、政治家的錯、老師的錯等，一定要把責任推到某個人身上。這種風氣，在社會上越來越普遍，使客訴的增加有變本加厲的情況。

另外，電視上播放法律討論的相關綜藝節目越來越多，帶來的影響是很多人開始覺得訴訟好像是切身相關的問題，為了不要忍氣吞聲，積極投訴的氣燄也隨之高張。而客訴就是比訴訟更輕微的一種「抱怨」手段。

如果出現這種客訴

死纏爛打型

總之，就是不斷糾纏

事例

現在還在講過去發生的事情……

以前的店長還在職的時候，曾給顧客造成困擾，而那顧客又舊事重提來抱怨。

前一任店長當時曾真誠地去道歉，到店長辭職前，都給那顧客方便。但是店長換人之後，因為沒有再給予特殊待遇，顧客於是又老調重彈地來抱怨了。

道歉是很久以前就完成的事情，而且我們也覺得不應該給那個客人特別的待遇才對，但該怎麼辦……？

對應

如果會給其他的顧客與公司帶來損失，就要斷然拒絕

對公司來說，如果會造成損失，也給其他顧客帶來困擾的情況下，在選擇說出類似對顧客造成不快感到抱歉等話語，也有必要斷然拒絕。

客訴長時間持續下去的話，不但浪費時間與人力，也會變得徒勞無功。

關於以電子郵件糾纏的客訴對象

電子郵件很難順暢地傳達彼此的情緒與想法，也是容易產生誤解的方法。因此，只用電子郵件往來，是很難做出結論的。

不管電子郵件往來幾次，假如不定出解決的目標，就跟對方表達希望改用電話或是直接見面等郵件以外的方式來溝通。

我沒想到會產生那麼恐怖的記憶，你了解我當時的心情嗎……
……既然如此，為什麼跟之前一樣都沒什麼變化呢？終於前幾天差一點……
ペラペラ

不可屈服於如果、要是……之類的要求

基於「如果……怎麼樣的話……」這種假設性所提出的要求，沒必要回應。如果擴大解釋，補償的範圍就會無限制擴大了。

例如發生這種狀況的時候

小孩子在店裡跑來跑去，結果跌倒了。

○

要求1

負擔初次醫療費

就算只是輕微跌倒，如果顧客還是要去醫院，店家就要表示會負擔醫藥費。因為是在店內發生的事故，認清自己有道義上的責任，誠實地面對。

×

要求2

損害賠償

若是對方說：「如果受傷了，怎麼辦？」提出損害賠償的情況下，沒有必要答應他。基於假設尚未發生的事情，很容易成為不當的要求。

×

要求3

替換地板材質

就算要求店內的地板全部都換成不容易造成摔跤的材質，也沒必要答應。這個要求也是基於假設，被定位是損害賠償的延伸行為。

如果出現這種客訴

不合邏輯型 抱怨與要求變來變去

事例

一次次不斷提出意料之外的要求

曾經接到「在你們店內的洗手間裡，一用水龍頭，就被噴溼了」的客訴。馬上去道歉，並提供更換的衣服，現場也確認完畢。當天，也付給顧客衣服送洗的費用。

但是過了幾天，接到很多不合邏輯的客訴：「因為身體溼掉而感冒了，你們要賠償醫藥費」、「感冒惡化，住院了」、「然後又轉院」等，來請求高額醫藥費和交通費的賠償。

對應

首先保持冷靜，以一貫的態度面對

不可被對方牽著走，變得情緒化。重複顧客的話，確認事情的經過和目的，傳達我方所能做到的回應。將彼此的往來應對都記錄下來，要注意應對時，態度不可動搖。

將過程以書面整理也是一種對應的方法

想說的話說不出口的做法是不會有任何結果的。可以在直接會面的時候，帶著書面資料讓顧客確認。記述道歉、經過、補救措施等資料。

寫書面資料時的注意點
請參考57頁、118頁。

advice

在事情一發不可收拾之前，趁早把話講清楚

顧客的說法開始變得反反覆覆的時候，與其繼續忍耐、進行看不到效果的對應，不如仰賴行政機關或是專家的判斷，儘早解決比較好。

特別是對公司產生危害或是造成其他顧客的困擾時，盡快尋求外部的幫助，才能找到妥協點

分擔工作，用多數去對應

發生問題時，誰該做什麼？做出角色分配的工作。平常進行複數對應的訓練，可以產生緊張感，減少客訴。

在旁邊監視

實際上去對應顧客的人不會有危險，但還是在旁邊看著。如果採用複數對應，也可以讓有惡意的對手感覺到壓力。

實際對應

擔任直接應對顧客的角色，這個時候，負責接待的人就擔任責任者的角色。

我不要負責看起來很遜的工作。
不要這麼說，那是很重要的工作啊！
場

將過程錄音下來

用錄音機把客訴的應對過程錄音下來，並做記錄；而且一定要保留記錄。監視者與連絡者的工作可以一起並行。

形成緊急狀況的時候要連絡

顧客變得暴力、破壞東西、可能危急其他顧客安全的時候，要通報警察。

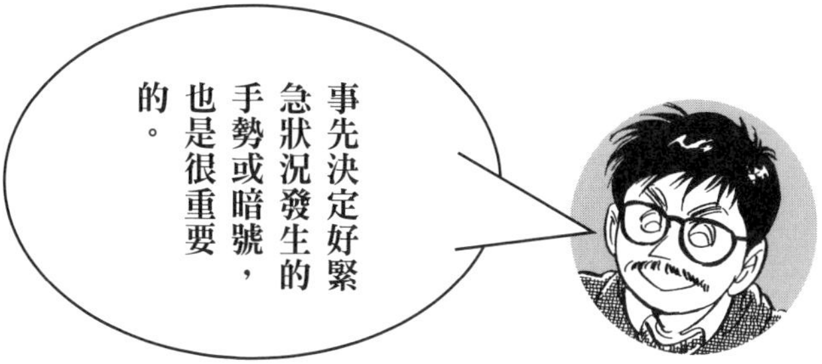
事先決定好緊急狀況發生的手勢或暗號，也是很重要的。

出現這種台詞時

「你要怎麼處理？」「展現你的誠意吧！」

用客訴的理由來判斷

基本是回復原狀，提出替換、修理、退費等公平的應對策略。

茶打翻了，把洋裝弄溼了

↓

例如發生這種狀況的時候

提出負擔乾洗費用
因為是我方的錯，為顧客帶來損害。
送去乾洗，衣服的髒污可以回復到之前的乾淨狀態。

顧客抱怨料理冷掉了

↓

以熱的料理來替換

本來就應該是以溫熱狀態送出的料理冷掉了，這是我方的錯。用熱的料理來交換，或是提供符合對價的商品。

抱怨待客態度惡劣，感覺受到傷害

↓

道歉、表示會重新進行員工教育訓練

為了讓顧客帶著好心情回家，要誠實地道歉。根據狀況，也可以提出提供折價券等對策。但是，其他的客訴出現時，也要用相同的方式對應。

思考語言背後的意義

所謂誠意，會因人而有各種不同的解釋。因為沒有具體地指出，所以可能包括開口道歉的人、低頭賠罪的人、處理損害賠償的人等。

濫用這種情況的就是用帶有恐嚇語氣說「讓我看看你們的誠意」的惡質狀況。

雖然提出具體要求的也有可能帶有恐嚇的意味，但是所謂的「誠意」，是對方可以任意解釋和找藉口的。

平常在對應的時候，如果對方不斷說出這種話，在判斷上要特別注意。

糾纏不清的時候用語言回擊

即便提出一般的對應方法也不接受，反覆地提出「看你的誠意」這種要求時，這時候可以直接用語言回擊。

「我們對於此事很抱歉，但我們只能做到替換新的商品。顧客您所謂的誠意，請說明應該要怎麼做呢？」

不要只是表面話，顯示出真的不懂該怎麼做才好的態度。

因為若是提出具體的要求，會變成一種脅迫，所以就算目的是金錢，也不會直接說。如果我方說出「該怎麼做才好」，對方應該會「啪」地馬上就說出真正的意圖，或是不耐煩地離開。

根據不同的人，這種話也可能是客套話。
不想承受太嚴重的情況，所以想盡可能傳達之後，就乾脆閃人。

期限的約定

做得到

傳達有餘裕的期限

常常會發生緊急事情要改變預定的行程，如果把回覆的期限排進太緊湊的行程中，萬一時間來不及，又會招致顧客的不滿。

如果時間來不及而說謊，就會招致第二次的客訴。

做不到

不要做確定的回答

「因為不能不跟上司報告，所以現在還不能確定回覆的期限，我會盡快回覆的。」

顧客在等待的過程中，憤怒與不滿的情緒會越來越增高。誠實地報告整個過程，用關心仔細的態度讓顧客冷靜下來等待。

出現這種台詞時

「快點處理」「不想等了」「什麼時候才要做出結論？」

思考語言背後的意義

等了又等，顧客的不滿會與時俱增。雖然沒有必要急著解決，但心裡要抱持著迅速處理的態度。不能馬上回覆的情況下，要報告處理的經過，不要讓顧客乾等。

如果被催促快點去做，人都會變得焦慮起來，惡劣的客訴中，會有故意利用這種心理的人。立場變得著急、慌亂之下，就可能被迫付出不該給的賠償費。不要焦慮、冷靜地應對，小心不要被對方利用了。

對時間的感覺因人而異

對方的感覺

等待的一方通常會覺得時間過的很慢，特別是焦躁的時候，會特別不耐煩。如果說「過一會兒」，也有人會覺得是馬上就會有所回應。

不是說「過一會兒就送來」嗎？怎麼還沒送到？
還不到五分鐘而已……

自己的感覺

傳達的一方，自己的感覺是認為三十分鐘以內送到就好了。不是已經說了「過一會兒」，會覺得為什麼要一直催呢？

因人而異的時間長度的說明

馬上
立刻
過一會兒

→ **換說「○分左右」**

像這樣的說明狀況，如果沒有辦法做到一瞬間，就會讓對方有等待的感覺。不如換成具體的數字，讓對方也可以安心等待。

一、兩日內
後天
下週盡快

→ **換說「○日內」**

有人會把「後天」當作隔天來想，也有會等到五天左右的人。根據對象的不同，這是一種差異範圍極大的表現方式，為了避免誤解，最好換成具體的數字。

出現這種台詞時

「現在馬上過來」「現在立刻去你們那邊」

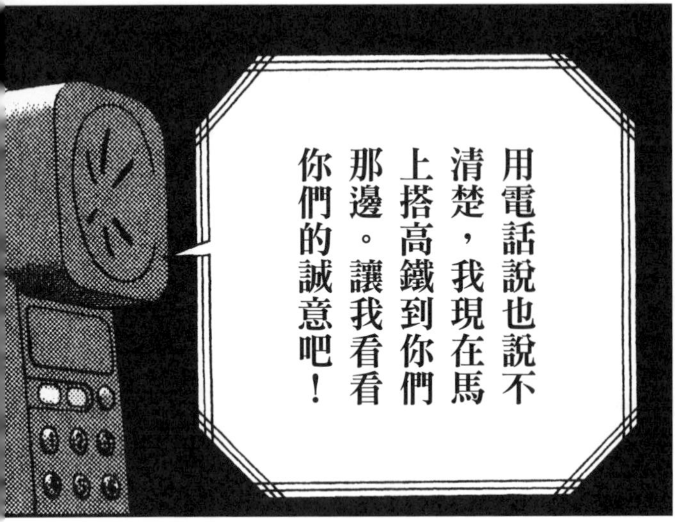
用電話說也說不清楚，我現在馬上搭高鐵到你們那邊。讓我看看你們的誠意吧！

對方以暗示的方式要求「支付高鐵費用」。最好回答：「即使現在過來這邊，也不能馬上回答，非常抱歉，我們也沒辦法支付交通的費用。」

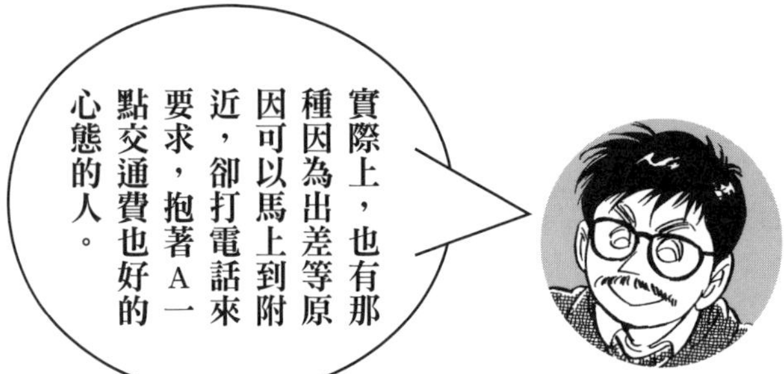
實際上，也有那種因為出差等原因可以馬上到附近，卻打電話來要求，抱著Ａ一點交通費也好的心態的人。

思考語言背後的意義

危害到顧客的安全與生命，產生傷害的情況下，不管怎樣馬上去探視是必要的。但是，如果單方面認為不是緊急的狀況，是不必馬上做出回應的。

惡質的客訴是即使知道不可能，卻還說出「馬上過來」的要求，這是因為對方想在我方說明做不到的時候，可以藉故提出「那麼由我搭高鐵過去吧」，他的目的就是交通費。通常這種人是因為出差等原因來到附近，想順便Ａ一點交通費。

驚慌失措 產生混亂狀態

如果認為不趕快解決，損失就會擴大，可能會出現想要現在馬上拿錢出來解決的想法。

容易被鎖定的時間帶

關店的時候

開始準備關店的時間帶。想要早點收拾以便早點下班的時候，這時冒出來的客訴非常麻煩。

中午時間

員工的午休等人手不足的時間帶。如果在中午之前還有必須做的事情，特別是客訴，更讓人覺得是燙手山芋。

早上的醫院

有大量患者必須應對的忙碌時間帶。因為在患者面前的關係，想要儘可能妥善解決。

因為你們的關係，害我來不及了，你們要負擔我的車資。
還有四十分鐘，如果趕不及，一千萬就泡湯了。你們能負責嗎？

如果時間來不及，可能會造成高額的損害，所以會陷入驚慌失措的狀態。因為時間不夠，所以也沒辦法確認內容，就容易變成照單全收的狀況。

也有客訴是抱怨上億元的合約泡湯，或是說錄影來不及的情況。

出現這種台詞時

「我要向衛生單位檢舉喔」

自己去和衛生單位說明

如果有類似必須通報衛生單位的客訴，就算不用顧客說，自己也要去向衛生單位說明。

「若是因為我們的商品造成腹痛的情況，因為是重要事件，所以已經向衛生單位提出說明。幸好沒有其他相同商品發生一樣的狀況，可以安心了。」

先下手為強的話，惡質的客訴就沒有借題發揮的餘地。

事先連絡相關機關

如果來自這種人的這種客訴，可以說明並沒有其他相同的客訴出現。因為可能是惡質的客訴，如果有接到這種請託，可以斷然拒絕。

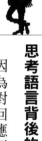

思考語言背後的意義

因為對回應不滿意而發怒，因而說出這種話的顧客所在多有。首先，要仔細聆聽顧客的說法。

例如就算顧客真的連絡衛生單位，他們也不會做出馬上下令停止營業等的處分。因為他們也必須找出確實的原因，做出客觀的判斷。

因為對方的預料是如果演變成麻煩的事情，店家會希望私下解決。在確認沒有犯罪性的欺騙和不正當行為之下，沒有必要畏懼。

把威脅話語當耳邊風

對於暗示特別要求的威脅性話語，沒必要驚恐，也不需要反駁，當作耳邊風就好了。

我要通報消防單位喔

如果被指責有消防設備等的過失，只能回答：「是否要通報，我們無權置喙。」

我要告你們損害名譽

找警察來評理也可以啊

這也是只能照顧客的自由意志去做的事情，阻止不了。遇到惡質的客訴狀況，也許找警察來評理還比較容易解決。

我有認識的政客、激進團體

找宣傳車來包圍好了

很容易想像得到在店門口用宣傳車包圍的樣子的台詞。出現暴力的恐嚇、令人感到強烈的恐懼感，就要去報警。

顯而易見的恐嚇，避重就輕地對應會比較有效。（見144頁）

「宣傳車嗎？……這樣會造成困擾，但如果客人您要這麼做，我們也不能說什麼。」

假如沒有做虧心事，就謹慎而毅然決然地應對。

一般而言，如果沒有可讓人趁虛而入的錯誤，由衷地誠實經營和應對，是最好的客訴對策。

出現這種台詞時

「我要在網路上散播喔」

不做無用的抵抗

這種情況，就算付錢了事，還是會發生同樣的狀況。掩蓋客訴然後被公開的話，無疑是自掘墳墓。

「在我們努力的對應之下，請務必理解我們的回應。」

明確表示我方能夠做到的對應。

「所以對於顧客所做的事，我們沒有批評的立場。」

不要用隨便你去做的語氣，要注意說話的方式。

「不過，如果對我方造成實質的危害，我們將會採取必要的對應。」

提醒對方我們並不是什麼都不做、默默地看著而已。

思考語言背後的意義

使用網路的話，即使是個人也能向世界發出訊息。就算是沒有根據的指控，一下子風評就會傳開來。

這些與事實相反的傳言，也會對商品的銷售造成莫大的影響，股票下跌、甚至造成企業倒閉的情況。

惡質的客訴狀況可能會威脅演變成這樣的情況也沒關係嗎？但是與其做無謂的抵抗，誠實地經營、交給顧客自己來判斷才是聰明的做法。

出現這種台詞時

「我有認識在媒體工作的人」

封口費百害無一利

如果沒做壞事，就沒必要封口。相反地，如果心裡有鬼，總有一天會被揭穿，再怎麼隱藏也沒有意義。

「對於客人您所做的事情，我們也沒有批評的立場。」

表明沒有做虧心事，毅然決然地應對。要注意不要表現得太嚴厲。

當狀況變成必須應對記者會等媒體時，注意事項請參見下一頁。

如果沒有根據，新聞是不會理會的

基本上，不確實的風評，電視台或是廣播等不會當作新聞來報導。真的發生問題時，更沒有必要害怕威脅。

思考語言背後的意義

問題點在於媒體報導的話，客訴會擴大，企業可能會受到相當大的社會制裁。所以，要限制媒體報導是不可能的；而且如果隱藏事實被發現，則會受到更大的責難吧！

另一方面，媒體對於沒有證據的情報不會胡亂隨之起舞。就算受到惡質的客訴的威脅，如果沒做壞事，就沒必要擔心了。

媒體對應的要點

不要忘了媒體的另一面就是消費者的眼睛。另外，要注意，初期對應做錯的話，事態可能會惡化到無法收拾的地步。

以組織整體來對應

社長、公關、各單位、相關企業的口徑不一致的話，會喪失信用。統一窗口，以專門的團隊做區隔對應。要確實掌握採訪對象的所屬單位與目的，不以正常管道來申請，一概不受理。

儘早公開事實

記者會、記者新聞稿等，決定對外發表的方法，越早公開越好。想清楚謊言與隱瞞總有一天會被拆穿，先讓事實明朗化。不知道的事情就老實表示不知道。

記者會與新聞稿發表的流程

1 說明經過與現況

儘可能正確地說明事實。確實提出資料、道歉，早期解決是讓事情落幕的捷徑。

2 說明原因

為什麼會發生這種事、報告調查之後所得知的結果。就算原因不是特定的情況，也要報告現狀。

3 闡述防止再發生的策略，並表明責任

今後將如何改善、說明善後的方法。並表示責任所在，以及會追究應該負責人的人。

認清法律上的責任與社會責任的差別

就算沒有法律上的責任，對於造成社會騷動與不安，是有道義上的社會責任。如果沒有法律上的問題，比起讓記者理解，更重要的是要展現安定消費者情緒的力量。

安全與安心是不一樣的。數字上的安全，很多並不代表能夠讓人安心。

記者會的注意事項

好好地向全國的消費者致歉，是取回信賴的大好機會。站在消費者的立場來做記者會的準備。

華麗的服裝或是邋遢散漫的樣子

因為不是好事，所以要避免穿戴高級名牌的手錶、白色西裝等不適當的服裝；過於暴露或是邋遢的領帶等也會招致惡評。要特別注意外表。

M公司舉行的說明記者會展現出誠意，成功提高好感度。

關係人滔滔不絕的發言

就算是湊齊人數、光是反覆說道歉的話，總比沒有人要說明事情的經過與原因的調查結果、處理策略等來得好。事前要商量好發言的順序。

顯露焦躁不安的逆向操作

「我都睡不著」等訴求自己的疲倦，逆向操作的方式只會造成消費者反感。要有自覺自己是發生問題的一方，不要忘了保持謙虛的態度。

說不出對不起

「我深感遺憾」這種宛如事不關己的回答，或是說「我不知道」的逃避態度，都是怯於道歉的表現。道歉的時候，手要放在桌子上，每個人各自亂七八糟彎腰的場面也不太好。

出現這種台詞時

「因為你們公司（商品）的問題，害我變得○○○」

擔心身體狀況而道歉

把對方當作自己的親人，在表現出打從心底關心的情況下，可以讓顧客的憤怒鎮靜下來。

「這樣是不行的。現在的身體狀況如何？已經去過醫院檢查了嗎？」

根據原因不同，也許會延伸出其他的被害者，應儘早對應。陪同一起去醫院也可以。

這裡的安全對策沒問題嗎？難道不會跟○○一樣出問題嗎？

如果發生事故或事件，類似的客訴會增加。

思考語言背後的意義

如果被顧客投訴身體或財產遭到損害，要真心誠意地為顧客擔心。事出必有因，顧客才會認為責任在於店家或廠商這邊。在這個時間點，要為對顧客造成的不愉快道歉，也要確實地查明事實。

其中，也有因為彼此因果關係曖昧不清，而要錢或是威脅恐嚇的惡質客訴。請不要因為有「搞不好真的發生問題」這種不安的感覺，就怠於確認事實，或驚慌失措沒作好處置。

補償等對應在確認事實後再做

常有顧客會說：「我討厭去醫院」、「已經好了」等藉口，而不出示診斷書等證據的狀況。請務必要確認事情真相。

「……那麼，檢查結果出來之後，請再和我們連絡……確認清楚的因果關係之後，我們會確實負起責任、做出回應。」

責任所在很清楚的話，就清楚表明打算如何處理。

責任歸屬不清的時候，被顧客責怪「都是你的錯」，這時容易演變成互相對罵。所以要小心不要讓顧客感到不愉快。

造成顧客不愉快的一句話

「是不是哪裡搞錯了呢？」

「說明書裡面有寫，請看一下。」

「您有確實看過說明書了嗎？」

「不可能會出現這種情況的啊！」

「除了您之外，沒有其他人來抱怨這種情況。」

「是您的操作錯誤。」

在沒有意識到的情況下，很可能會說出這類的話。這會讓對方產生覺得自己被冷淡對待的印象。這就好像是表明都是來抱怨的顧客自己不對。

出現這種台詞時

「這裡的負責人是誰？」

以組織來傳達對應

即使有負責人，也不要以個人去做對應，要確實傳達以組織單位來作回應。

「確實，負責人是我，但因為這是很重要的事情，所以我沒辦法一個人就做出決定。」
「因為須與相關人等討論過後，才能回覆，不好意思先請教您的名字與連絡方式。」

塑造確實對應的印象。

「即使是身為社長，這麼重要的對談不能說錯話，所以我會和相關人士討論過之後再回覆您。」

如果對方對於不能及時回覆而表示無法接受的話，放棄對話的方法請參考138頁。

思考語言背後的意義

「負責人應該什麼都能做到吧！」「這種情況下，馬上就可以做出判斷吧！」顧客可能會說出上述這種台詞。

另一方面，想要在當場解決問題，快速拿到錢就跑掉的惡質客訴也很多。在煽動所謂的責任感、刺激尊嚴的情況下，負責人就會希望用口袋裡的錢來解決問題。

是否忘記以組織去對應，而想用個人的方式來解決問題呢？這點千萬要注意。

出現這種台詞時

「我受到精神上的傷害」

嚴正傳達可以做得到的事

在嚴正地傳達可以做得到的回應下，表明不管是什麼樣的威脅恐嚇都不可能有其他對應。

「造成顧客的不愉快，我們誠心感到抱歉。但是，我們能做到的就是剛剛跟您報告的。」

關於精神傷害的補償，真的是有困難。即使您這麼說，我也不知道該怎麼辦。
該怎麼辦才好呢？

不要由我方來判斷，具體應該怎麼做，聽對方的意見最好。

思考語言背後的意義

關於精神上傷害的補償，該怎麼做最好，是個非常難以判斷的問題。由於難以將痛苦換算成實際的金額。所以最重要的是誠心誠意地道歉。

另一方面，也有希望負責人自行解釋而提出補償的惡質客訴。

如果提出我方能做得到的事，對方還是覺得不滿的話，不要自行判斷，而是去探一下對方的期望。

出現這種台詞時

「我不要跟你說」、「叫你的上司出來」、「叫社長出來」

胡亂擴大對話的窗口

對應窗口過於隨便改變的狀況，會給人不負責任的印象。而且接手的人也會感到麻煩，儘可能統一對應窗口。

「因為我是負責人，為了負起責任，我來聽您說……。您說的話我已經充分了解了，我會儘可能傳達給社長。」

就算不能直接見到社長，也保證會確實傳達給社長知道。

為了向上司或是社長報告，要確實記下顧客的名字和連絡方式。

待客問題很多是店長出面即可解決

關於服務員的待客態度等產生的客訴情況，一般都是負責人出面道歉：「因為教育訓練做的不夠，非常抱歉。」說明將徹底改善今後的教育訓練。

思考語言背後的意義

因為顧客是對現在的對應感到不滿，所以會要求負責人出現給個交代。

就算是這樣，如果馬上出面來交代，那麼分級的各負責人的存在就沒有意義了，而且也會變成是上司和社長的工作。把上司當成最後的手段，儘可能先自己進行應對。這時候，決定對應的時間，並正確地將記錄保留下來。

另一方面，餐廳等的待客問題，負責人不出面，就解決不了問題的情況所在多有。

出現這種台詞時

「這是你跟我的問題吧」

你不想把事情鬧大吧？因為這是你跟我的問題，不想鬧開的話，就早點處理吧！

不要冀望自己一個人解決

客訴不只是個人的問題，也是公司的問題。如果想要靠自己去對應，可能會使個人受到危害。

「這不是顧客您跟我之間的問題。而是您與公司的問題。我一個人不能下判斷，抱歉，關於這點還請多諒解。」

強調這不是負責人個人的問題，而是公司應該出來對應的問題。

思考語言背後的意義

當對方提出這個問題是兩個人的問題，兩個人單獨解決的話，就不會去投訴時，可能會產生「那就這麼辦吧」的同夥意識。但是這是帶有惡意的客訴者。

因為兩個人祕密地解決，雖然不會把事情鬧大，但因為談到要盡快解決，就會產生金錢賄賂。另外，因為共犯關係成立，也不用擔心問題外洩。

惡質的客訴者會一邊說一起聯手吧，另一方面卻伸手要錢。

出現這種台詞時

「同業公司是用〇〇〇這種方式處理的」

說明自己公司的方針

當對方說同業公司是如何對應時，不要囫圇吞棗、照單全收。淡然地說明己方的方針即可。

「敝公司對於這種事情是採取〇〇〇的對應方式。」

不要光聽顧客的片面之詞，對於同業的動向，也要經過仔細確認。

不要在意客訴者所暗示的要求，正大光明地說明關於公司的對應方式。

是這樣嗎？但敝公司對於〇〇的事情是採取□□□這樣的對應方式，希望能夠使您感到滿意。

思考語言背後的意義

刺激工作者特有的同仇敵愾意識，進而要求相同的服務。為了贏過競爭對手公司，不得不推出比他們更好的服務而形成一種壓力，這也可以想成是客訴對應的優點。

帶有惡意的客訴常會伴隨謊言出現。根據工作人員的判斷而沒有給予顧客特別對待，同時可以深化業界的知識，將這個取代方案制度化。

出現這種台詞時「給我寫道歉信」

以公司立場談判，態度要慎重

對應客訴時，不要忘記自己身為組織的代表。簽名的時候，要把文件視為代表公司的意見，千萬不要輕忽。

「因為不能以我一己之見來判斷，所以在與公司討論之後，再向您報告。」

不要用「欸……」、「這個恐怕有困難……」等曖昧不清的言辭，必須要清楚的表示拒絕。

給予文件的情況只限一次

就算對方希望修改、重寫文件，也不要答應。如果不明確拒絕表示：「公司的答案就僅止於此。」在對方消氣之前，會變成不斷文件往來的情況。

思考語言背後的意義

就算寫了道歉信，對方說了願意原諒，光是口頭約定是不夠的。一旦道歉信交給對方，不知道對方會怎麼使用這封信。給了道歉信之後，要想到可能會再出現新的客訴問題。

要發出文件的時候，要仔細和專家討論，一定要謹慎檢討是否會有問題。例如，即使對方威脅若文件不簽名，就不原諒，也不可以在對方準備的文件上輕易地簽名，還是要告知對方，必須回到公司再做討論。

客訴對應容易累積壓力

容易受到壓力的是以下這些類型的人

老實
無法拒絕
在意周圍的看法
謹慎
悲觀的
有強烈責任感
嚴格
在意他人的評價

壓力可分為因為環境的變化等引起的急性壓力，以及逐漸累積的不安感造成的慢性壓力兩種。被顧客出其不意地怒斥、要面對日常性客訴的負責人，都可以說承受了這兩種的壓力。

另外，即使在相同的情況下，也有容易受到壓力影響的類型（參照上圖）。

這類性格的人，雖然要面對很多客訴的對應處理，卻容易累積壓力、而逐漸擴大壓力。所以本人及周遭的人都要特別注意這種情況。

Part 2

這種對應會招致危機

～追求顧客的滿意度與公司的危機管理～

適當地處理客訴，可以帶來顧客的滿意度。
認識客訴的本質，在遇到緊急狀況時，就能冷靜地對應。

是天使的聲音也是惡魔的耳語 客訴的目的各式各樣

◆ 從正當的客訴到惡質的客訴

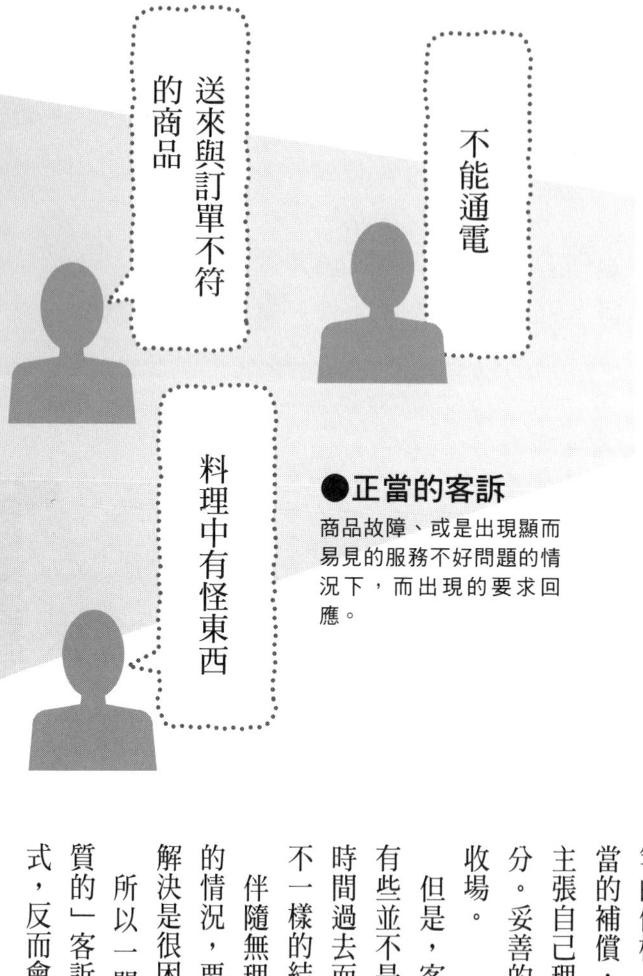
送來與訂單不符的商品
不能通電
料理中有怪東西

●正當的客訴

商品故障、或是出現顯而易見的服務不好問題的情況下，而出現的要求回應。

發生客訴的時候，有很多人會覺得不安、抱歉、甚至是麻煩。

但是大部分的客訴，實際上都是「正當的客訴」。除了支付對等的價格，會想要得到與事件相當的補償，是理所當然的。顧客主張自己理所當然的權利並不過分。妥善的對應應該就可以圓滿收場。

但是，客訴中有各種的類型，有些並不是簡單就能解決的。隨時間過去而冷靜下來，可以發現不一樣的結果。

伴隨無理要求而來的惡質客訴的情況，要用平常的客訴對應來解決是很困難的。

所以一開始就決定這是「惡質的」客訴而採取相對的對應方式，反而會減少問題的發生。

●困難的客訴

用一般的對應和說明也無法取得認同，而變成一發不可收拾的客訴。這可能與顧客的個性有關，有各種不同類型。（參見part1）

告訴我股價會不會上漲
你剛剛看我這裡笑吧？

●惡質的客訴

執拗地窮究問題，暗地卻要求金錢或特別的對待。這種客訴接近恐嚇的犯罪行為。（參見part5）

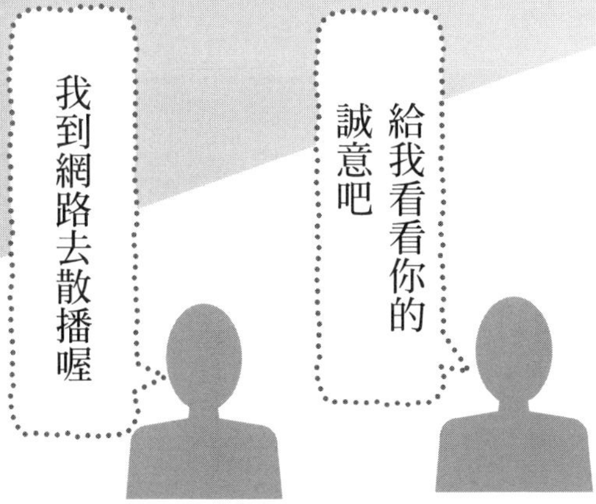
給我看看你的誠意吧
我到網路去散播喔

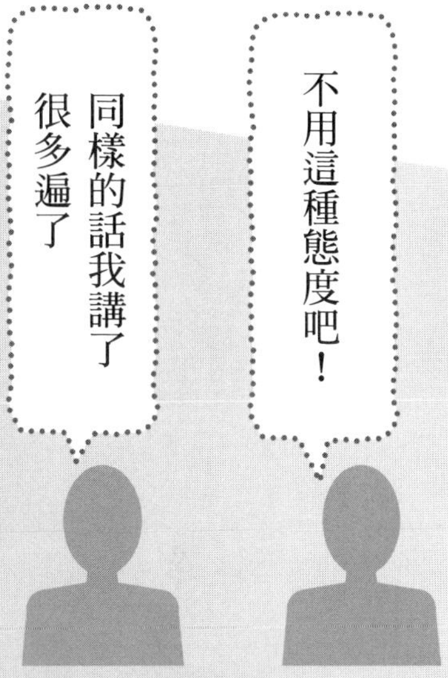
不用這種態度吧！
同樣的話我講了很多遍了

●因為對應錯誤產生的客訴

如果沒有好好應對正在敘述不滿的顧客，因為初期應對的拙劣，使顧客的怒氣火上加油，會變成一發不可收拾的客訴。

不管是什麼樣的客訴，一開始以顧客的滿意為優先考量而思考對應的方式是最重要的。

不只滿足抱怨，還能增加追隨者

◆ 根據對應的方式產生加分作用

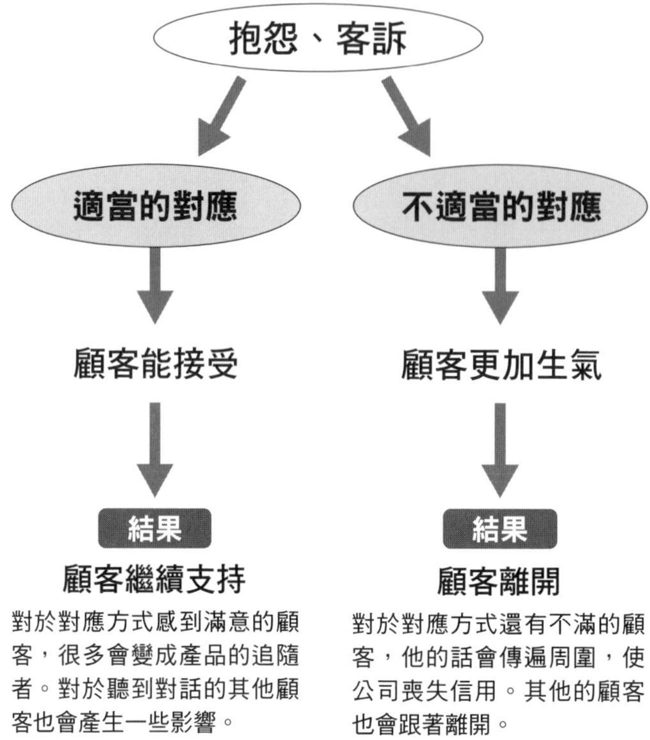
抱怨、客訴
適當的對應
不適當的對應
顧客能接受
顧客更加生氣
結果
結果
顧客繼續支持
對於對應方式感到滿意的顧客，很多會變成產品的追隨者。對於聽到對話的其他顧客也會產生一些影響。
顧客離開
對於對應方式還有不滿的顧客，他的話會傳遍周圍，使公司喪失信用。其他的顧客也會跟著離開。

客訴會根據對應的方式，變成增加追隨者的絕佳機會。

如果追究顧客的不滿，可以發現原因當然是「想要這樣」的期待感。

如果可以回應這樣的期待，就可以消除顧客的不滿，今後顧客也會繼續支持愛護。

就算沒辦法完全實現顧客的期望，也要理解顧客的感覺，應該儘可能真誠地給予回應。即使是這樣的對應，顧客心中的滿足感也會由然而生。

從「不滿」變為「滿意」的顧客，會變成忠實的追隨者；追隨者增加的話，就會因為口耳相傳而可以期待帶來更多的新顧客。

新年期間，兩位還一起來幫忙整理，真是太感謝了。剛剛對你們吼叫，真是抱歉哪！
沒辦法，這些酒都破了，一起來喝高級葡萄酒吧！不過這可是喝悶酒啊！

advice

不要漏掉表面看不見的「沉默客訴」

以客訴這種形式表達不滿的顧客，要衷心感謝他們的存在。因為他們指出問題、並給予解決問題的機會。

但是，就算有不滿、實際上會去投訴的人，最多只有三%。可以說有一批心存不滿的顧客，採用了「沉默的客訴」。真正可怕的是，漏掉了這些沉默的客訴。因為多數的顧客感到不滿時，都是默默地離開。

所以沒有接到客訴並不表示是好事，應該要努力讓沉默的客訴浮出台面。

累積對應可以磨練自我與公司

◆ 透過處理客訴來成長

今天開始要被分配到負責顧客意見處理的部門了

處理客訴的工作，常常被認為是吃力不討好的工作，但這是錯誤的想法。

負責人透過應對各種的客訴，是可以學到商品、業界相關的知

自我的成長

透過工作幫助自我成長

●自家公司產品與服務相關的知識
●公司與業界的情報

為了處理客訴問題，必須具備充分的知識。讓自己變成情報通。

●溝通力

讀取顧客的需要與心思，增加溝通意見的能力。

●行動力

會漸漸習慣迅速地應對發生的事件。

公司的成長

提升產品與服務，進而擴大愛用者。

●產品與服務的改良
雖然為了消除顧客的不滿需要花一些工夫，但產品與服務的品質會因而提升。

●新產品、服務的開發
從顧客的意見可以得到產生新產品和服務的靈感。

●公司的結構與組織的改善
這樣可以更客觀地觀察從業員的對應、聯繫體制、組織整體的結構，成為改善的契機。

●增加愛用者
透過提供的物品或改變組織的狀態，可以提高顧客的滿意度。

有很多暢銷商品是從顧客的心聲所產生出來的，所以可以說「顧客意見是座寶山」吧！

識，並磨練待客能力。這類的經驗與知識，對於工作者將來在業務、企劃開發、總務、經營等各領域的工作都很有幫助。

另一方面，除了聽到對產品服務有所不滿的顧客心聲之外，對於產品、服務方面，也能得到「我希望能做到這樣」、「這裡有問題」等坦率的意見。

所以，客訴所帶來的資訊，對於產品、服務的開發和改良，有密不可分的關係。因此才有「顧客意見是座寶山」的說法。

在顧客坦率的聲音下，要有掌握顧客的期望為重要工作的自覺，對接踵而來的客訴進行對應。

顧客與公司的視線不同出現抱怨

◆ 立場不同，想法也不同

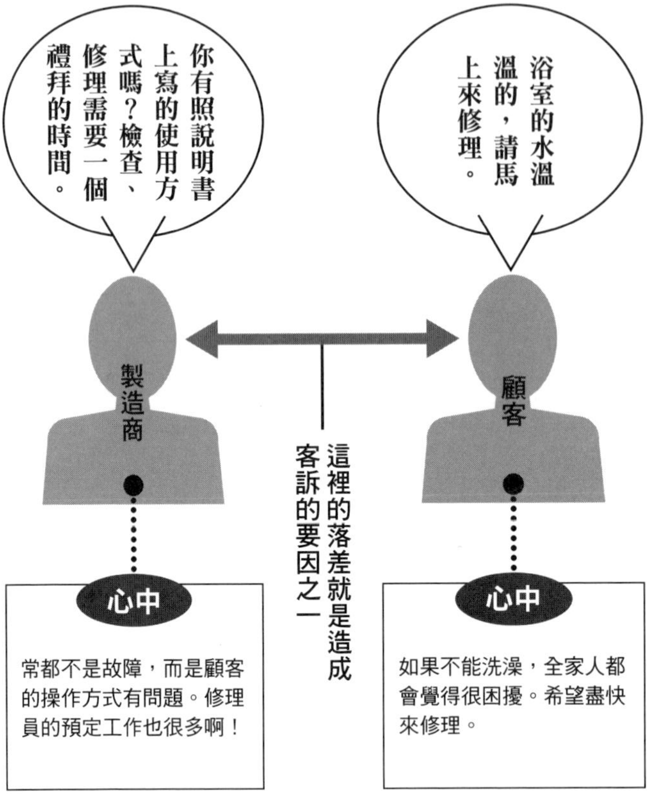
浴室的水溫溫的，請馬上來修理。
顧客
心中
如果不能洗澡，全家人都會覺得很困擾。希望盡快來修理。
你有照說明書上寫的使用方式嗎？檢查、修理需要一個禮拜的時間。
製造商
心中
常都不是故障，而是顧客的操作方式有問題。修理員的預定工作也很多啊！
這裡的落差就是造成客訴的要因之一

人的感受與想法天差地遠，所以不管是什麼樣的商品或服務，要滿足全部的顧客是不可能的事情。所以應該反過來想，來自顧客的投訴是不可避免的。

這裡應該要先反思的是自己提供的商品或服務，如果從顧客的觀點來看是如何。

對我們而言理所當然的事情，不見得適用在顧客身上。如果商品或服務沒有從這樣的觀點來檢討，對顧客來說，不僅很難用，也很難理解。這就是為什麼顧客會產生不愉快的感覺了。

◆ 應該要改變立場來思考

即使是光鮮亮麗的餐廳，對服務人員來說也只是職場而已。在那樣的空間裡當然也說不上是什麼特別的日子。

對服務人員來說，只是每天的日常工作

一年一度的奢侈之夜
能吃到這麼頂極的法國料理固然很高興，但兩個大男人一起吃，實在……

對顧客來說的重要日子

對為了紀念日、慶祝等會特地到餐廳吃飯的顧客來說，只有那一天是特別的時刻、特別的場所，記憶也會特別深刻。

就算心裡知道，實際上要站在對方的立場來行動，還是很困難。所以請把顧客當成自己的親人或孩子對待吧！

過度期待的落空
擴大不滿的情緒

◆ 客訴是期待的表現

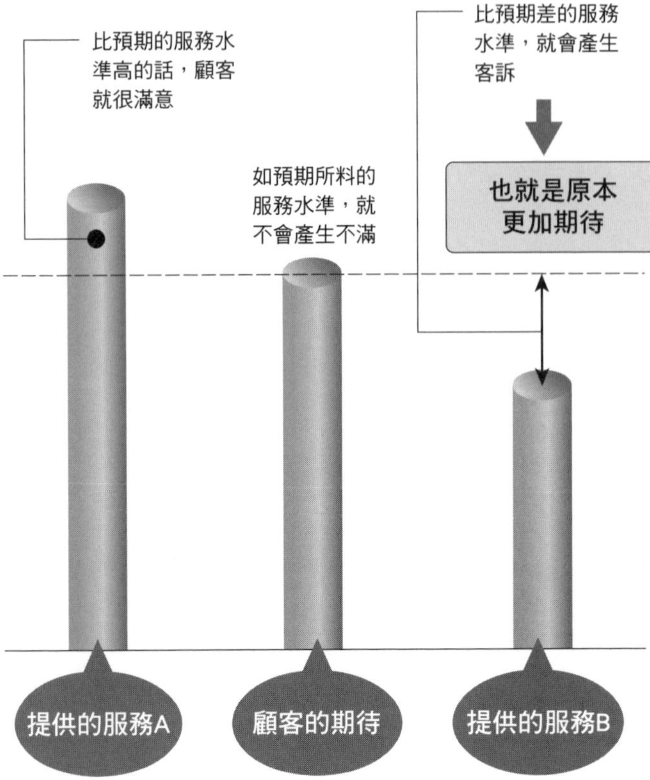
比預期的服務水準高的話，顧客就很滿意
如預期所料的服務水準，就不會產生不滿
比預期差的服務水準，就會產生客訴
也就是原本更加期待
提供的服務A
顧客的期待
提供的服務B

客訴的發生是因為顧客的期待「被背叛」。「因為價格適當所以想要買」、「身為顧客，希望能夠珍惜」——就算與這樣的想法不一樣，共通點都是對產品或服務的期待度很高。

正因為顧客有這樣的期待，產生「實際上卻不一樣」的感覺時，就會產生不滿。如果顧客產生「這裡的商品原來是這種品質」、「這家店連抱怨一下都不行」之類放棄的想法時，就不會有客訴了。

也就是說，客訴是顧客對商家有所期待的證明。為了回應顧客的期待，最重要的是謹慎地受理並應對。

不要這麼生氣嘛！
只是不小心忘記了結婚紀念日，就說要離婚……

情感越強，越容易產生客訴

醫院

希望救病人一命、希望找回健康等寄予確切期望的場所。

不動產

很多情況是一輩子只有一次的重大購買，情感也因此很強烈。

休閒相關

休閒設施的利用、拍紀念照等，因為要製造回憶的要素很強烈，不容易重來的情況。

若是期待被背叛，道歉只要說對不起就算了嘛？

◆ 沒有客訴的誤解

誤解①

訊息傳不到上位者的耳裡？

如果公司高層認為客訴是麻煩的事情，那麼在考量現場人員的責任、個人的問題等情況下，問題只會在現場負責人的層級被處理掉或掩蓋掉。因此訊息無法傳回公司內部。

誤解②

對客訴漫不經心？

認為客訴是「說來發洩情緒」，把提供意見的顧客當作是「找麻煩的人」、「怪人」的話，這是對客訴的本質認識不清。

誤解③

沉默的客訴很多？

就算接到相同的客訴，但實際上來客訴的人的比例卻很少。嘴上不說，但感到不滿的顧客（沉默的客訴者）一直都不少。

正確辨別帶有惡意的客訴

◆ 誠實應對也無法溝通

不僅再怎麼誠實地對應，也沒辦法溝通，他們還要求金錢和特別的對待等不當的要求。

↓

惡質客訴者的可能性？

外表和態度看不出個所以然

↓

分辨惡質客訴者的方法請看134頁

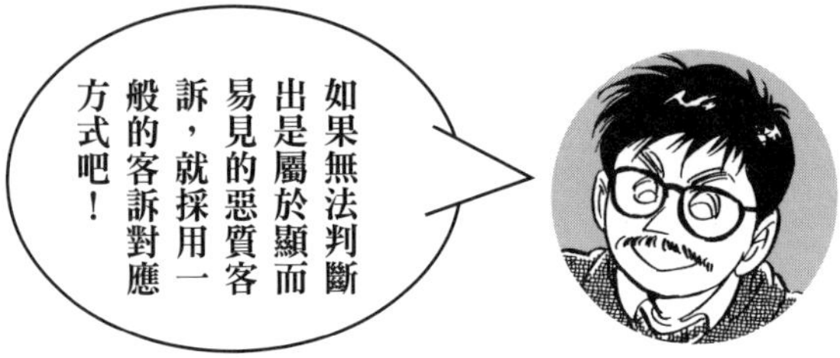
如果無法判斷出是屬於顯而易見的惡質客訴，就採用一般的客訴對應方式吧！

產生客訴的話，立刻對於造成顧客的不愉快道歉，然後聽顧客的說法，誠實地對應，這是客訴對應的基本態度。

不管是什麼樣的客訴，只要能夠仔細地做出讓顧客滿意的對應，大部分都可以找到解決的線索。

但其實常會遇到顧客完全聽不進去、態度強硬、一味地提出不當要求的情況。也有故意找麻煩、疑似詐欺的客訴案例。

與普通的客訴不同，顧客會特別打扮，但卻帶著惡意來投訴的例子也所在多有。

這種客訴會讓公司面臨危機而陷入危險之中。這時要用的不是一般的對應，而是必須優先視為危機管理來做出應對。

◆ 被惡質客訴者不斷糾纏時……

減少對其他顧客的應對力氣

惡質的客訴者雖然也是顧客，但如果給一個人特別待遇的話，對其他的顧客的應對就會降低，這樣會造成很多人的困擾。

自己和公司都會疲於奔命

沒有限制惡質客訴者的分際，任其予取予求是相當痛苦的事，這會讓負責的人精疲力盡。但如果屈服於對方的要求，公司立場也會因而動搖。

隨客訴者起舞

不斷提出要求而嚐到好處的客訴者會食髓知味，情況越來越惡化。甚至也可能提出比之前更困難的要求。

惡質的客訴者會因為面對的人改變態度。→見136頁。

為了不要累積壓力，好好地處理壓力問題

默默地運動身體，竟然感覺還不錯呢！沒有其他要洗的盤子嗎？

洗盤子等單純的工作不用花心思就可以持續做下去，這也可以消除壓力。

為了減少面對客訴的壓力，要換工作的話恐怕不容易。另外，因為有壓力，所以對顧客也沒辦法好好應對。

因此，善用工作以外的時間，思考如何消除壓力是非常重要的事情。

悠閒地泡澡、充足的睡眠、伸展身體、聽喜歡的音樂、或做運動、享受美食等，積極地讓心靈和身體的緊張得到舒緩。

重要的是，要找到屬於自己的消除壓力法。

Part 3

先道歉、冷靜聆聽、誠實地應對

～對應的基本～

認識對應的流程、謝罪的做法、聆聽的方式、拜訪、電話、電子郵件的採行方法等，養成基本的客訴對應

一開始的應對是最重要的部分

◆ 產生客訴之前

充實知識與訊息

為了能夠回答顧客的問題，關於商品或服務的特徵、性能、原料、使用方法、安全性等基本資料都要記在腦海裡。最好能更加充實類似商品與業界情報。

製作對應手冊

把來自顧客的詢問和客訴作成假想問題集和對應手冊。透過日常的業務進行修訂，不斷改良這本手冊。

整建支援體制

當自己一個人無法妥善對應的時候，如果上司或公司能夠提供協助，將會帶來對應時的安心感與自信。客訴對應者應創造提供支援的體制。

提高動機

如果想著「真討厭」、「希望不要有客訴出現」，這時候的對應就會慢半拍。積極地接受客訴，做好面對客訴的心理準備。

對於疾病，我們常說「早期發現、早期治療」，客訴的對應也是如此，一開始是最重要的。事前準備與初期對應這兩點是順利解決客訴不可欠缺的條件。

而事前準備最重要的莫過於不慌不忙的心態。積極正向地保持動力，不恐懼地面對顧客的投訴是很重要的。

另一方面，在初期對應很重要的一點是，當下就要打從心底迅速地表示歉意。如果忘記說道歉的話，找藉口推托，令人意外地，很多單純的客訴就變成大騷動，甚至是長期對抗的案例。

火災的原因從發生火災的現場狀況與延燒來看，初期的滅火延誤可能是造成受害範圍擴大的主要原因。

在屋外用火的時候，事先要確認附近是否有易燃物。以防萬一，先準備滅火用的水、還有了解滅火器的使用方式是很重要的。客訴的對應也是一樣的道理。

◆ 預先準備可以減少受害

對待客訴

有準備		沒有準備
由負責人下決定，可能可以用最低限度的人力來對應	人手	客訴程序拉長，被波及的人增加
用商品交換或是退費等妥善的方法就可以解決	金錢	也可能會發生不必要的賠償
最短的時間內就可提出應對	時間	拖拖拉拉與持續延長浪費時間

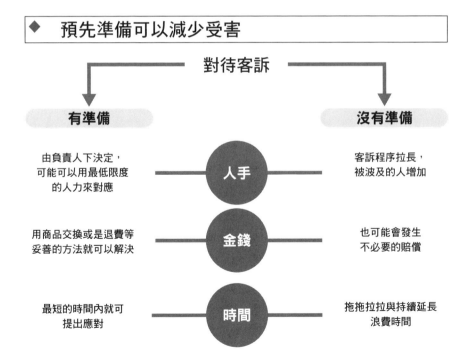

對顧客要「公平公正」不要對個人有特別待遇

◆ 注意不要有差異

對應的時間

對於大聲咆哮的顧客就馬上回應，而讓溫和申訴不滿的人等待是不公平的。快速的對應是客訴對應的機本。不管什麼時候，都要記得馬上給予回應。

接待時的態度

這與顧客的性別、年齡、國籍等沒有關係，不管是對誰，都要親切、誠實地對待。就算是小孩子，也要蹲下彎腰與其視線相對，配合對方是很重要的。

賠償的內容

對於客訴或是道歉，可能可以用商品的交換或是退費來處理，金錢的賠償是否必要、可以依照不同情況的條件與金額設定的方法等，設立判斷基準的規則，而且對應一定要公正。

對顧客來說，「公平、公正」地對應，這是服務的基本。面對抱有不滿的顧客，不可以從外貌、年齡、隨身物品等，做出對待顧客差別待遇的行為。

例如，有因為產品構造上的缺陷造成冰箱故障無法使用的顧客來客訴。

對有的顧客採取退貨、等待兩個星期的修理檢查；對別的顧客則是馬上去處理，修理檢查期間則是準備替代品，並給予慰問禮品等。這種的不公平，對於前者的顧客而言，就是非常不愉快的回應。

只針對特定人給予好處，並不誠實。不要因為顧客的言談舉止、年齡、隨身物品而給予特別的待遇。

◆ 差別待遇被揭露後的問題

TUSHIBA ELECTRIC CO.LTD
買的人全部都給予相同的補償！
買的人全部都給予相同的補償！不允許差別待遇！

如果差別待遇的對應被揭露出來，就會變成大問題。如果很多顧客都要求同樣的補償，會造成很大的損害。企業的形象也會大幅降低。

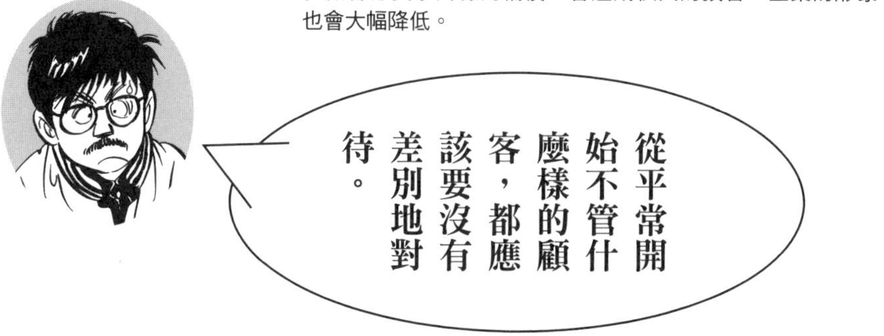
從平常開始不管什麼樣的顧客，都應該要沒有差別地對待。

迅速解決不如迅速對應

◆ 沒有必要急著解決

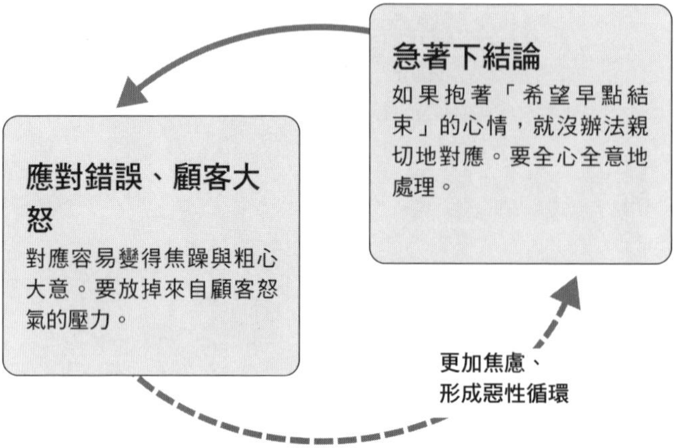
急著下結論
如果抱著「希望早點結束」的心情，就沒辦法親切地對應。要全心全意地處理。
應對錯誤、顧客大怒
對應容易變得焦躁與粗心大意。要放掉來自顧客怒氣的壓力。
更加焦慮、形成惡性循環

為了讓事情趕快解決而受到壓力的情況下，有可能會出現逼迫同意要求的惡質客訴者。見38頁

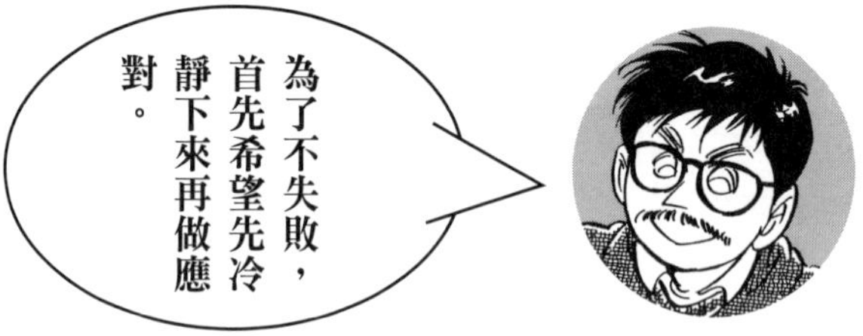
為了不失敗，首先希望先冷靜下來再做應對。

客訴是顧客利用自己的時間，費心地傳達寶貴的意見。因此，要先理解顧客是因為花了自己的寶貴時間，所以希望能夠得到快速的回應。

因為一時敷衍的對應，而讓顧客感覺到在浪費時間的話，只怕是火上加油。「現在馬上給我做出結論！」顧客會產生更嚴重的客訴。

不過，這裡應該要注意的是，「快速的對應」與「快速的解決」是不能劃上等號的。快速的對應可以說是一種誠實，但快速的解決則常是不老實。因為為了想要快點解決，既不好好地傾聽對方的話，對於事實的確認也是輕率疏忽。

◆ 誠實是最快速的對應

1 發生客訴馬上應對

沒有因為回應太快而變成客訴的。如果顧客有任何反應，馬上給予回應。等待應對的時間越久，顧客的不耐煩就會變本加厲。

2 如果解決花太多時間，要向上級報告事情經過

如果讓顧客覺得「你讓我等這麼久」，就會變成下一個客訴。為了不要讓顧客產生這種感覺，盡早勤快地向上級報告事情經過。關注也是快速對應的祕訣之一。

好不容易快速地做到初期對應，如果中途出現把顧客放著不管的情況，之前的努力就完全成了泡影。

另外，客訴中也有「我等不下去了！」這種被迫解決、把財物拿出來的惡質客訴。焦急地想要解決問題而自己做出判斷，讓公司蒙受損失的案例也所在多有。

所以應該不要只靠個人的判斷急著想要解決問題，而是要靠全體組織好好地採取對應。

應對的步驟

努力消除顧客的不滿

1 道歉

當顧客已經抱著不高興的心情，這時候為了傳達造成對方的困擾、浪費了顧客的時間，首先要先表示歉意。

2 傾聽

確實地傾聽，對於什麼事情而有抱怨、為什麼會感到不滿、為什麼想要那樣等，努力理解顧客的想法。

你看我寫了多少封的信，而你們一次也沒有回，是怎麼回事？

人的感受與想法天差地遠，所以不管是什麼樣的商品或服務，要滿足全部的顧客是不可能的事情。所以應該反過來想，來自顧客的投訴是不可避免的。

這裡應該要先反思的是自己提供的商品或服務，如果從顧客的觀點來看是如何。

對我們而言理所當然的事情，不見得適用在顧客身上。如果商品或服務沒有從這樣的觀點來檢討，對顧客來說，不僅很難用，也很難理解。這就是為什麼顧客會產生不愉快的感覺了。

4 提出解決辦法

如果是公司方面的錯誤，除了道歉，尋求交換、退費等依照不同事件做出適當的解決。如果是沒有過錯的情況，謹慎地說明以求對方的理解。

3 確認事實

關於客訴發生的原因和狀況等，正確地整理並掌握從顧客的陳述透露出的問題，確認事實的因果關係。

無法解決的狀況……

即使善加對應，顧客還是不能接受、不斷提出不合理的要求時，就要考慮這是否為惡質的客訴。以謹慎而毅然決然的態度，不屈服於對方的要求之下。

解決了

5 在社內資訊共享

客訴的內容、發生的情況、問題發生的原因為何、採取何種解決方式等資訊，不要只有負責員工與主管知道，應該要傳達給其他現場的工作者。

6 防止再發生

為了不要再發生相同情況的客訴，列出從客訴的內容到實際狀況的問題點等，應該改善的地方就加以改善。

對於惡質客訴的對應方法在part5有介紹

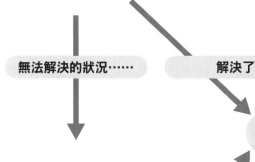

對於讓對方感到不愉快，誠心致歉

為了讓語言表達自然流露，發出聲音來練習

就算心裡知道要馬上道歉，但突然發生在眼前的客訴，還是會讓人講不出話來。請發出聲音做道歉的練習，讓身體記住這種感覺。

真是非常對不起。敬請原諒。我由衷感到抱歉。

點頭彎腰地低頭是錯誤的。要一次深深地彎腰鞠躬。

用丹田發聲，由衷地道歉

不管道幾次歉，如果態度不一致，對方看不到道歉的誠意，當然會被認為是「耍嘴皮子」。腹部用力，打從心底深深的鞠躬道歉。在致歉的前後不要忘了要直視對方的眼睛。

如果已經有先入為主的觀念，道歉的話就難以說出口

「我們沒有錯」、「只是不滿吧」、「搞不好是黑道」……如果有這樣的先入為主觀念，道歉的話就很難對對方說出口。就算覺得不高興，也要坦率地道歉。

◆ 首先先表示歉意的詞句

「實在非常抱歉」

「非常對不起」

「真的很抱歉」

「由衷表示歉意」

「深感愧疚」

「深深感到抱歉」

根據狀況與對手，選擇道歉的辭句請看下一頁。

「實在覺得很遺憾」可以當作道歉的話嗎？

「遺憾」……是表示事情導致意料之外的結果，心中有缺憾、遺憾的意思。應該道歉的時候也有使用這個辭句的例子，但多半是不被接受的道歉。盡量不要使用比較好。

不管是用電話或是郵件，在顧客的眼裡都應該要先道歉才對。

口出不滿的顧客，是因為心中怒火燃燒。對應者一開始如果不先道歉，讓顧客的怒氣冷靜下來的話，就無法進行對話，也可能讓客訴問題擴大。所以，客訴對應的鐵則就是一開始先表示歉意。

但如果輕率地道歉，又會被認為是有錯在先，可能會有那種不肖之徒，給對方覺得有可趁之機。但是這個道歉並非是承認錯誤，而是對於造成顧客的不愉快的致歉。雖然表示歉意，但不保證是要負擔全部責任的意思。

只要將這樣的理論武裝起來，即使被說「因為你道歉了，所以要負起全責」不知道該怎麼辦等，也不必擔心，還是可以先致歉。

選擇符合對象的感覺和狀況的說詞

◆ 選擇符合對象的感覺和狀況的說詞

顧客
「小孩子在那邊玩玩具，被割到手了。」

掌握住顧客的不安與怒氣。

工作人員
「這位客人，您孩子的傷勢不要緊吧？讓您非常擔心，真的是很對不起。」

第一要關心對方的狀況
如果受傷的是自己的家人或朋友，應該都會先說出關心的話。

抓住對方的感覺，繼續說出表示歉意的話。

也有那種就算是低頭賠罪，顧客的怒氣還是不能消解，不斷地發洩怒氣的例子。這時候就要想是不是因為沒辦法把「造成您的不愉快，非常抱歉」的歉意傳達給對方。即使自己有道歉的打算，但顧客不這麼想的話，跟沒道歉是一樣的結果。

想要傳達想法最重要的是想像力。站在顧客的立場設身處地設想，與顧客感同身受地道歉。

另外，道歉的說詞之後馬上接「不過」、「但是」之類的話是不好的。好不容易說出口的道歉，卻變成找藉口的開場白。

等到顧客接受道歉之後，在繼續進行說明。

◆ 體諒不滿的理由

「對於造成您的 { 不便～」 / 負擔～」

適合顧客使用的商品故障的情況或是服務不周到的時候，造成不便或負擔的情況下使用。

「讓您覺得 { 很糟糕～」 / 很不愉快～」

對於正在氣頭上、或是正在一吐怒氣的顧客，用以表示對顧客的感覺感同身受的道歉。

「浪費您寶貴的時間～」

對於非常忙碌的顧客、說自己「其他的預定也延誤了」、「沒有時間」等的顧客，特別需要用這種說法。

「讓您產生不信任～」

原本懷抱信任卻有不好印象的時候，「虧我那麼相信你們」、「為什麼會這樣」等客訴產生的時候，用這個說法很有效。

「好不容易您特別使用我們的產品～」

對於認為「期待被背叛了」的顧客，這是包含了對於購買商品的感謝之意，同時傳達歉意的說法。

如果能讓對方感受到很理解自己的感覺，就能冷靜地溝通。

重新檢視動作舉止與外表

表情

接受顧客投訴的時候，呈現笑臉比較不好，以溫和的表情，與顧客四目相接。太過嚴肅而呈現可怕的神情，或是過於凝視也不好。

姿勢

背要挺得直直的，雙手自然下垂、在前面輕輕重疊。坐著的時候，背也不要靠在椅背上，雙手放在膝蓋的位置。

服裝

穿著西裝等正式服裝，選擇呈現穩重色調的領帶。髮型和妝容則要注意呈現出來的氣質不要帶給對方不愉快的感覺。

即使客訴是發生在接待的過程中，還是有可能接到來自電話和電子郵件的客訴。根據客訴的內容，也可能必須親自去拜訪顧客。

無論如何，與顧客面對面的時候，除了言談之外，還有其他必須注意的事項。

在給對方的印象中，談話的內容只佔了不到一成，印象中有五成是態度、有不到四成是決定於聲音語調，這就是所謂的「麥拉賓法則」（the rule of Mehrabian）。接待顧客的時候，臉上的表情、姿勢、說話方式等都必須特別細心地注意。

從全身散發出來給人的印象，是不會馬上就有所改變的，所以從平常就留意是很重要的。

Bad

不乾脆又令人厭煩的說話方式。

姿勢

散漫地站著，或是說話時手一邊放在口袋裡。坐著的時候，彎腰駝背、或是靠在椅背上。雙腳交叉、手臂交叉，呈現出沒禮貌的態度。

服裝

穿著打扮比顧客還要隨便、耍帥、或是華麗圖樣的西裝、領帶和襯衫。佩戴叮叮噹噹的顯眼珠寶，或是噴味道濃重的香水。

表情

輕浮的笑容、眼神漂浮不定地游移。以完全看不出在想什麼的面無表情去對應。

是否在不注意的時候給人不好的印象？

咬指甲、撥頭髮等這些自己沒有注意的小毛病，也可能帶給顧客不好的印象。不妨向身邊的人確認自己是否有這些小毛病。

壞印象的小動作

- 雙手交叉
- 手放在口袋裡
- 撥頭髮或是撥弄領帶
- 握拳、放在桌上
- 抖腳
- 不看對方、或是太緊盯著對方

advice

使用沉穩的語調與謹慎的言辭

緊張的時候說話不免會變得小聲，焦急的時候則是講話速度太快，這些都會讓顧客聽不懂。

說話的時候，與顧客的聲音同樣大聲、參考顧客說話的速度是對應的方法之一。當然，不可以發出怒吼的聲音。選擇言辭，不要拐彎抹角，沉穩地表達。

光是聆聽也可能解決問題

提出客訴的顧客心中，不只有怒氣，還隱含著不安、疑惑等各種的情緒。受到顧客影響，我方也變得感情用事的話，是沒辦法找到解決辦法的。

從「你說得不一樣」、「怎麼會這樣」等言辭的背後，理解顧客的真正想法，可能一開始就夠做出滿足顧客的對應。

想要理解顧客的想法，方法只有一個，就是仔細地聆聽顧客的話。這就差不多了。

這裡要特別注意的是，漫無目的地「聽」是不夠的。控制自己不提出解釋和反駁是當然的，但光是聽過去，是沒辦法抓住對方真正想法的。

聆聽對方的話，千萬不要忘記表現出有確實「聆聽」的態度。

◆ 為了表現出聆聽的態度

表達認同

認同或點頭同意，都可以傳達出正在傾聽的樣子。如果能認真回答「是」更好。但為了不要在對方說「都是你的錯」時，表示出同意的意思，要注意回應的時間點。

感同身受

重複顧客說的話，表示對於難受的感覺能夠感同身受，這樣顧客就會敞開心房。對於說話被傾聽的對方而言，也會抱持好感。

做筆記

日期時間和數量等，一邊做重點記錄邊聽對方說話。寫下顧客所強調的重點，可以讓對方感覺到這個負責人理解重點所在。

做得太過頭，會讓
人覺得做作且太過
輕率的樣子喔！

◆ 勃然大怒是毫無道理的

✖ 情緒化地回答

就算受到顧客「都是你的錯」、「混蛋」等情緒化的怒罵，心中也要冷靜地接受。如果彼此都變得情緒化，是沒有辦法朝解決問題的方向前進的。

✖ 提出反駁

在聽完話之前，嚴禁說出「不是這樣的」等話語。如果不能真誠地聆聽顧客的話到最後，可能就會認為自己是沒有錯的。

✖ 提出解釋

打斷顧客的話，想要解釋，就是沒有好好聆聽顧客的話的證據。首先，先把話聽完，好好地咀嚼思考之後，如果有想要說的話，再提出來。

不要太過分了，就算是我也沒辦法忍耐！

很少有在表達不滿之後，因為有受到尊重而感到滿意，卻還提出更多要求、進一步追究的顧客。

advice

面無表情呈現的是沒聽進去的感覺

即便是一邊點頭表示認同，一邊回答「是」、「一切正如您所說的」，如果是面無表情的話，顧客會認為「沒在聽我說話」、「不知道你在想什麼」。

如果言辭與表情不一致，聽話的這一方會有不協調的感覺，也可能造成不安。所以必須注意講出來的話和表情不要有差異。

一邊確認事實關係，了解顧客的目的

Check 1 確認事實

何時？（日期時間） 什麼程度？（程度）
在哪裡？（場所） 發生什麼事？（結果、現狀）
為什麼？是誰？（對象）

一邊關心顧客的情緒，一邊具體地確認如：「電腦當機很久」是指多久的時間；「變得很熱」是到手都無法觸摸的程度嗎？「受傷了」所指的部位和症狀的程度，另外是否有出具診斷書等。

當我方開始調查的時候，要設立一個緩衝區
「不好意思～」
「方便的話～」

為了不要讓顧客產生「你們不相信我說的話」、「懷疑我」的感覺，要以謙虛的態度提出疑問。在質疑之前，先以上面的話術當開場白，可以讓場面更溫和。

要注意不要用太過親切的語氣或調查式的質問方式。

到底是什麼樣的人呢？

Check 2 搞清楚顧客的目的

到底想要什麼呢？（目的）

為什麼不管什麼樣的方案顧客都不接受？答案的提示就在顧客的話裡面。不滿的真正原因究竟是產品本身的問題？還是待客的態度？……一邊聽顧客說，一邊找出答案。

Check 3 收集關於顧客的情報

世代（年齡）
言談
態度、表情
服裝
知識量 等

從談話的內容與樣子，推測顧客是什麼樣的人。是經常光顧的客人？還是對提供的商品和服務很了解的人？如果能了解這些資訊，就可以對顧客做出更適當的說明和對應。另外，一定要先確認顧客的連絡方式。

顧客

「比我上次來的時候，味道變得更淡了吧？」

由此可推測出以前也來過，而且點的是一樣的東西。

有那種話沒有聽到最後，就理解而打算採取行動的人。這種做法是自己擅自解讀、自認理解而做出錯誤的對應，甚至還招致客訴。

除了把話聽完，聽的時候一邊掌握要點是很重要的。參考本篇中提供的確認要點，一邊聆聽的時候，一邊整理資訊。

說完話之後，先確認曖昧不清的地方，重複說一遍重要的部分。「非常」、「很久」等表現，要以數字確認，改變表現的方式，把彼此的認知協調至一致的程度。為了正確了解事實關係，實際確認現場或是實物的狀況也可能變成必要的程序。

正確地記錄過程，防止「說了與沒說的」

記錄的活用方法有很多

如果有記錄的話，就可以變成工作人員之間共有的資訊。另外，如果可以找到客訴的發生原因等，也能夠成為改善的方向。（見112頁）

記錄親自到店、電話、電子郵件等投訴的方式

方便用電話連絡的時間帶、用電子郵件比用電話方便等，確認顧客方便的連絡方式。

不只記錄顧客的做法，也要寫下相關機構的聯繫、報告等。

已經真誠地傾聽，誠實地對應，然而之後顧客卻說「我沒說過這種話」、「我沒聽過那樣的說法」等例子也不少。

即使彼此沒有不愉快，但時間一久，也會有忘記了或是誤解的情況。

為了防止這樣的言論爭執讓客訴變成和稀泥，顧客談話的內容、我方發言的內容、當時的日期時間等，都必須正確地記錄。

另外，為了向上司報告客訴內容、或是讓其他部門接手，報告都是不可或缺的。為了做到只要看了記錄，不管是誰都能理解，如果能做成連組織都容易使用的格式，將會非常便利。

對應表格式範例

客訴對應表

日期時間	年　月　日　時　分	負責人	
接受方式			

顧客（姓名） （電話） （地址）	（希望的連絡方式）
投訴內容	顧客的期望

事情經過

（日期時間）	（內容）

結果

連絡事項等

詳細地記錄事實、印象等主觀的事情應該與事實分開記錄。如果是有關產品的客訴，也要記下顧客購買的日期、製造日期、保存期限等。

在決定文書等移交的時候，要連複本一起保存。

記錄關於今後的接手部門、給相關部門的報告、特別需要注意的事項等。

提出具體的解決方案，以感謝結束

◆ 解決的關鍵在於恢復原狀與公平

1 修理、修復

如果原因是產品的故障與服務不完善，修復產品、恢復應有的狀態。

2 交換

如果產品是不良品，或是因為失誤而給了其他產品的情況時，只要更換、給予正確無誤的商品即可。

3 退費

無法修理或交換的產品，在可能退費且為顧客提出要求的情況下，以退費的方式和平收場。

4 金錢賠償

比起產品的缺失，造成顧客受傷、名譽或財產受損的情況下，是有可能需要支付醫藥費和損害賠償的（也不限金錢）。

在一般常識的範圍內，不管對誰都要公平。

依照致歉↓傾聽↓確認事實的步驟，終於到了要提出解決方案的時候。如果是不良品，則用交換的方式；結構上的故障等提供免費修理；這些都不要只是靠自己的判斷，而是根據組織的對應方針為目標來解決問題。這個時候，如果能站在「顧客的立場」，較能順利地解決。

如果對方接受我方提出的解決方案，則以送禮物收場。感謝顧客以客訴這種形式，提出問題點、給予改善的機會，表達今後仍希望繼續給予批評指教的心情。

如果顧客的要求會帶給其他顧客困擾、要求特別待遇，或是有不當的要求等情況下，則有必要改變對應的方式。（請參考part1、5）

◆ 以報告結束

產生客訴的原因、今後的對策

向上層部門、相關部門報告

如果是被害狀況涉及其他部門的客訴，必須立刻向上呈報，取得對策。另外，瑕疵品的情況則是要向設計部門、製造部門、檢查部門等報告，並尋求對策。

向顧客報告

產品的故障等，調查客訴產生的原因之後，有必要再向顧客報告。提出今後的對策、保證會防止再發生同樣的問題，力求恢復顧客的信賴。

報告的同時，進行改善

當原因明朗之後，就能進行改善。如果是產品的問題，請各部門著手進行改善；如果是待客的問題，則要強化對應指導手冊、進行待客研習等採取行動。

根據客訴的狀況不同，解決方案也不一樣。如果能參考法律，將解決的方向性標準化更好。

advice

錯誤由自己公開比較好

如果知道是自己公司產品的問題，一定要採取迅速回收產品等行動。儘可能公開正確的資訊。

回收太慢可能會造成客訴越來越多，若是顧客的受害狀況不斷擴大，情勢會朝向惡化的方向。以為不會曝光而隱瞞資訊、偽造事實，是太過天真的想法。

電話比電子郵件好，當面談又比電話好

◆ 認識各種方式的特徵

優點		缺點
不用顧慮時間帶等對方的行程問題，只要寄出就能送到。用手寫的信比較能傳達心意。	電子郵件 信件	為了不要變成單方面的發信，卻變成很難表達想法。方式過於簡單，不適合用來道歉。
在平常時間就可以連絡。可以解讀對方的說話方式和聲音的語調流露出的情感程度。	電話	光靠聲音很難完全掌握對方的情緒、也很難正確地說明。
彼此面對面，能做到資訊交流，短時間內大多就能夠解決。	面談	為了拜訪顧客，會花費額外的時間與交通費成本。

客訴對應以和顧客當面會談是最理想的。一邊觀察表情一邊交流，能防止意見分歧與想法的誤解。

電子郵件或是信件，基本上是單方面進行的連絡方式。電話也是，與當面會談相比，容易變得無法充分交流。這些方法應該當作輔助方式來活用比較好。

如果是關係到顧客安全的客訴，立刻要前往拜訪。在拜訪顧客的時候，要以行動展現出誠意。希望儘可能做到這一點。但是，考量到人力、時間與成本的時候，所有客訴都這麼做也是不可能的。

什麼樣的狀況要去拜訪，應該依照組織的方針來決定。

◆ 訪問時這麼做是不行的

沒有事先預約就跑去

顧客也有自己的事情，自己任意決定的對應速度，是無法表現出誠意的。應該要事先打電話預約拜訪時間。

只有男性成員就跑去單身女性的住家

單身生活的女性、或是家族外出只有女性一個人在家的時間帶，拜訪時必須有女性工作人員陪同前往。

強行進入對方的家裡

沒有得到允許，就應該在玄關把話說完。勉強想要解決，在沒有得到顧客允許的情況下就進入人家家中就座，是絕對禁止的行為。

急著解決，當場就給予口頭承諾

光是想要早點解決，輕易答應看起來就不可能做到的事情、不知道的事情就不要欺騙對方。

叮咚
MAILBOX
IZUMI

為了不要造成對方的不快感，希望能改變態度和服裝。請依照86頁來確認。

比見面更謹慎，但電話不要轉來轉去

◆ 轉接電話只限一次

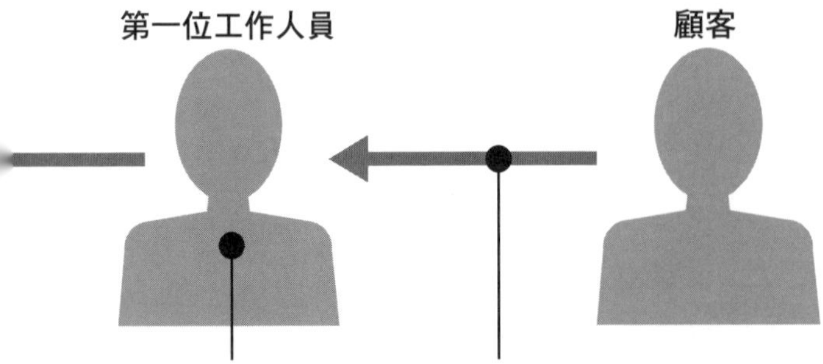
第一位工作人員
顧客

即使不是負責人，也要當作自己的工作承接下來

從顧客的角度來看，就算部門和工作不一樣，都是同一個公司的人這點是不變的。不要用事不關己的態度對應。

三響以內要接起

電話響的時候要馬上接起來。如果讓抱著不滿的顧客等待，顧客的情緒會更加不耐煩。假如總是佔線的話，要想辦法解決。

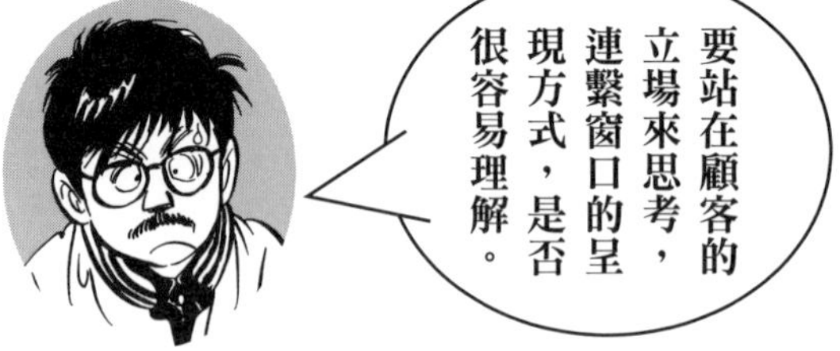
要站在顧客的立場來思考，連繫窗口的呈現方式，是否很容易理解。

打電話來投訴的顧客，不管那個電話號碼是業務部門也好、技術部門也好、總機也好，都是同一個公司，他們認為只要打這個電話就能解決問題。

另一方面，接電話的這方，如果不是負責人，不知道該怎麼辦的例子很多。可能會想：「你跟我說我也很困擾」、「你打錯號碼了」等。因為這樣，出現了與顧客的想法有差異的電話對應時，顧客就會變得更加不高興。

就算是認為與自己無關的客訴，接到電話的話，也要誠實地對應。對於造成顧客的不愉快表示歉意、聽他說話，為了轉給相關的部門，一定要先確認對方的姓名、連絡方式。

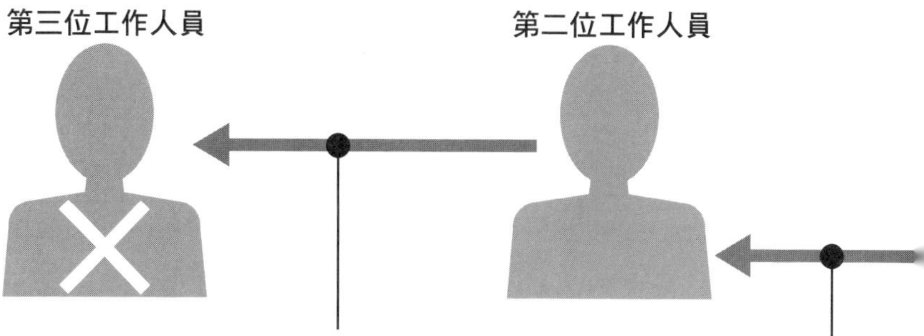
第三位工作人員
第二位工作人員

要比之前更加注意對方情緒

沒看到表情的情況下，要用比平常稍微誇張一點去注意對方的情緒。意識到對方的情緒，也要配合改變聲音的大小與說話的速度。

控制兩次以上的轉接

電話轉來轉去的話，顧客的憤怒只會增加不會減少。因為時間和電話費已經產生，所以如果有必要，可以提出由負責人回電話等方式。

正確地將談話的內容傳達給下一個人

當對應者改變的時候，要顧客再做一次相同的說明是很大的負擔。所以在傳話的時候，要向對方確認：「～，剛剛說的是這樣的意思吧？」

注意要點

聲音太小
（聲音太大）
講話講太快
音調過高

即使看不見，態度的惡劣也能被傳達

雖然說是看不到臉，但根據言談與背後的態度，一邊做其他事情一邊對應的話，對方也是會感覺得到的。

非常對不起，我由衷致歉。

內容必須是誰讀了都不會困擾

啊啊啊，那時候的郵件被張貼在留言板了。
這次這件事情，並不是敝社的責任。
原本就是相當愚蠢、不愉快的荒謬指責，不禁讓人懷疑你的人格。稍微冷靜地用頭腦想一想……

腦子裡要想到有被轉寄的可能性

要確認這封郵件被轉寄、被張貼在部落格或是留言板中，向不確定的多數人公開也沒問題。

電子郵件與對方的接受時間無關，是單方面傳送的。匿名性高，因為可以說出當面難以說出的話，因此內容和表現會變得較為強烈。寄送的時候，要特別注意這點。

例如，回信的時間點。為了不要讓顧客等待，詢問表格上面要附上回信的時間，同時附加讀信回條，除了儘可能及早回應，在報告現況的處理上也要下工夫。如果這樣還是很難做到的話，應該檢討是否要公開郵件帳號。

特別是客訴對應，還是希望能做到以電話與直接拜訪等雙向交流為手段。電子郵件則當作輔助的工具，作為轉換的方式吧。

◆ 寫郵件信件時的要點

point 1 不要太感情用事，但也不要給人冷淡的印象

確認寫下的郵件是否變得太過情緒化。另外，過於事務性的寫法也會給人冷淡的印象。

point 2 比對方所寫的信更加有禮貌

尊重顧客、注意不要寫的七零八落。以有禮貌而謙遜的方式書寫。

文章範例

有禮貌的問候

因為不是私人信件，所以避免深刻的呈現和過長的招呼用語。表現出有禮貌但簡潔、真摯的態度。

例

「平常承蒙特別的關照，誠心表示感謝。」

「每每承蒙關照，非常感謝。」

↓

道歉或報告等要點

道歉、報告事情處理的經過。陳述無法符合顧客期待的原因、以及今後的對策。

例

「這次因為商品破損造成您的困擾，我們感到萬分抱歉。」

↓

再一次致歉

最後再一次寫下致歉的辭句。如果是對方誤解的情況，對於造成誤解也要表示歉意。

例

「再一次向您表示非常抱歉。今後還請繼續多多支持與關照。」

point 3 冷靜地回信、請其他人幫忙確認

寫好的郵件，在寄送之前，請其他人幫忙過目，看看是否有錯字或掉字，為了避免失禮，務必進行確認。

根據基本的做法之外，配合因人而異的對應

◆ 不能對顧客做的事

不能傷到自尊
以謙虛的態度接待，分別以判斷、提案、商討等形式來請求協助。

不要找理由
不管自己有多麼正確，也不可以用理由來主張自己的正當性。

不可把責任轉嫁到顧客身上
就算原因是顧客自己搞錯了，也要表現出是之所以讓顧客會錯意，都是我們的錯。

不要推來推去
不管是面對什麼樣的客訴，現在、這個場合下、都要抱持親自對應的態度。

要控制專門用語和困難名詞的使用
避免使用外文或專門用語，應該使用不管對於小孩子或高齡者而言都聽得懂的辭句。

只要想一想，如果是自己的話，應該避免說什麼就很清楚了。

就算自己說的是正確的，對於盛怒之下的顧客，也可能說不通。另外，對於兒童顧客說那些商業用語，他們也聽不懂。雖然是理所當然的事情，但因為顧客的不同，對應的方式也要隨之改變。

另外，即使同樣的顧客投訴，第一次與第二次用同樣的方式對應也不見得對方第二次就會接受。

準備對應手冊，設想各種的狀況，除此之外，也必須要因人而異，臨機應變地改變對應的方式。

如果具備很多客訴的經驗，就能培養出不管是對應什麼樣的客訴都能迎刃而解的能力。

Case 1

因為我方的錯誤而引發客訴

顧客因為結婚紀念日來到飯店。雖然確實有預約，但因為當天出現重複預約的關係，而沒有空的房間了。

對應

真摯地道歉、誠實地對應

「好不容易在特別的紀念日預約，因為我們的疏忽，造成無法提供您預約的房間。真是非常抱歉。」首先先承認是我方的錯誤，由衷地表示歉意。事情經過的說明則在道歉之後再來陳述。

提供等級較高的房型、或是協助詢問其他的住宿飯店，並保證不會再發生同樣狀況。在顧客離開的期間內，注意要消除他的不滿、盡量帶給顧客滿意。

Case 2

針對待客的態度，接受斥責

因為抱著笑臉迎人的態度，沒想到卻被顧客怒罵：「你一邊傻笑一邊接待我，是把我當笨蛋嗎？」。

對應

馬上道歉

針對帶給顧客不愉快的感覺，當下馬上道歉。以順從的表情、最重要的是必須表現出確實反省的樣子。即使是因為原本個性如此而認為莫可奈何，不如請周遭的人幫忙確認一下待客的態度和表情吧！

另外，如果對應客訴的時候被投訴待客態度不佳，而可能要變成雙重客訴的時候，在顧客的怒氣爆發之前，換一個負責人也是解決的方法之一。

Case 3

投訴使用商品而受傷

來自使用按摩器具的顧客投訴：「夾到手而受傷了。」雖然認為應該是使用方法不當的關係……。

對應

關心身體、詢問狀況

第一，一定要關心「受傷的狀況沒有大礙嗎？」慎重地確認受傷的程度、診斷結果、受傷經過等，儘可能越早取得見面的機會越好。同時，調查產品的製造過程，確認是否沒有問題。

如果明白是產品的原因，即做出適當的對應。如果是和產品本身沒有關係，必須詳細地說明、取得對方的諒解。（如果出現惡意的要求情況，請看Ｐａｒｔ５）

如果有產品是造成重大問題的原因的可能性，必須要有馬上讓市面上流通的相同產品下架的準備。趕往現場的同時，決定由誰負責、並採取組織對應。

Case 4

同時收到正反意見的顧客投訴

在餐廳裡，有顧客說：「好冷，可以把冷氣關小嗎？」之後，馬上就出現來店的顧客說：「好熱，希望可以把冷氣開強一點。」

對應

考量個別的對策，盡量努力滿足兩方的需求

好好地觀察顧客的樣子而做引導是非常重要的。向顧客確認：「這個位子會直接吹到風，沒關係嗎？」、「會冷的話，可以為您準備毛毯，請隨時通知我們。」

對於後來到店的顧客，則是告知冷氣比較不冷，引導他到通風良好的位置。然後細心地端出冰水和冷毛巾。即使是同樣的對應，也能在滿足前者的狀況下，滿足後者。

這個座位在機翼的上方，外面的景色會被擋到，沒關係嗎？

即使使用上沒什麼不方便，但如果與平常不一樣的話，一開始還是要先告知。在顧客提出意見之前，先由我方提出確認的話，可以帶給顧客好感。

Case 5

接受到其他部門的客訴

接到打給同事的客訴電話，罵聲不斷……。因為是不同單位，完全不知道他在說什麼，如果回對方說不知道，馬上又得到一陣怒罵。

對應

當作是對自己的客訴來對應

如果從顧客的立場來看，誰是負責人完全無所謂，只是想要早點有人誠實地回應自己的投訴。

身為組織的一員，為了組織而向顧客低頭是理所當然的。

請確認顧客想說的是什麼事，並試著推斷顧客的情緒。當作是自己的客訴來承受，對於造成對方的不愉快而道歉，仔細聽他要說的話。

Case 6

請顧客注意，反而使他惱羞成怒

對於把車子停在殘障人士專用車位的顧客，提醒他要移車的時候，反而被惱羞成怒的顧客斥責：「你的說法好像我是壞人一樣。」

對應

站在顧客的立場來思考

顧客有可能是因為沒注意到所以停錯車位了。但被工作人員這樣一說，反而引起其他人的注意，當然會覺得不好意思。

不是突然去提醒他要注意，以顧客容易接受的說話方式來提醒是必要的。「實際上，這是殘障人士專用車位，可以請您移動到這個位置嗎？」等，以請託的方式會比較恰當。

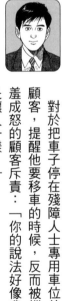

真對不起，因為是大樓要關門的時間了，
如果可以開到早上就好了呢！

不管怎麼做，當下都無法滿足顧客的要求時，不只是負責人，把說法導向是規定不好的方向也是技巧之一。只是這種說法也可能被聽成是逃避責任，使用的時候要特別注意。

Case 7

要求做不到的事情

在餐廳裡，顧客提出想要把吃不完的東西打包帶回家。但因為餐廳不提供外帶的服務，就算是想要付錢，也沒辦法追究責任，是很麻煩的要求。

（註：日本餐廳通常不提供打包的服務，以免顧客帶回家食用之後，發生食品安全上的問題，而無法釐清責任）

對應

保證會將期望轉達給高層

突然回答「不行」，顧客一定無法接受，首先先說「謝謝您覺得怕浪費」等表示同感與感謝的話，然後再說明無法提供打包的理由。要向對方提出保證「關於您的期望我們會向高層轉達」也是可以的。

也不只是這次的顧客，也許其他顧客也有同樣的想法，所以應該要正確無誤地向上司報告，可以作為日後改善的助力。

自己沒察覺到的壓力最危險

如果有符合下列的項目，就要懷疑是否壓力過大：

- ☐ 沒有食慾，或食量暴增
- ☐ 喝酒的次數和量增加
- ☐ 情緒的起伏減弱
- ☐ 變得慌慌張張
- ☐ 原因不明的頭痛、拉肚子、便秘等
- ☐ 經常失眠

……

持續長年地從事客訴對應，幾乎是每天接受到生氣的抱怨，要對這種狀況習以為常是不容易的。

因為這樣的生活會造成身心的負擔，很容易忽略自己所承受的壓力。

即使會說出「忍受壓力很痛苦」這種不爭氣的話的人，至少採取對策了；相較之下，沒有自覺的人，不曾想過要消除壓力，而繼續過度努力。

為了不要讓壓力過大，儘早察覺並解決比較好。

Part 4

用團隊力讓麻煩遠離

～組織的建構與二次對應～

客訴問題是必須靠公司全體的力量來克服的事情。
從資訊共享開始，整備作為組織的對應策略是非常重要的。

客訴不是個人問題，而是公司全體的問題

◆ 全組織的對應會成為公司財產

如果成為「顧客」與「工作人員個人」的問題，會造成工作人員過度的負擔。也可能會出現隱瞞客訴的情況。

如果成為「顧客」與「公司、店家」的問題，工作人員在進行下一步的時候，就能夠安心而冷靜的面對。

客訴如果不能成為組織的財產，就會重蹈覆轍。

客訴可以成為組織的財產，讓公司不再重複同樣的失敗。

而且……

對工作人員的壓抑，會造成人才流失

如果把責任歸咎給現場的負責人，因為無法負擔壓力，甚至出現因此離職的人。如果能夠對應的工作人員減少，反而會造成更多客訴增加的惡性循環。

◆ 整理客訴發生時的連絡路線

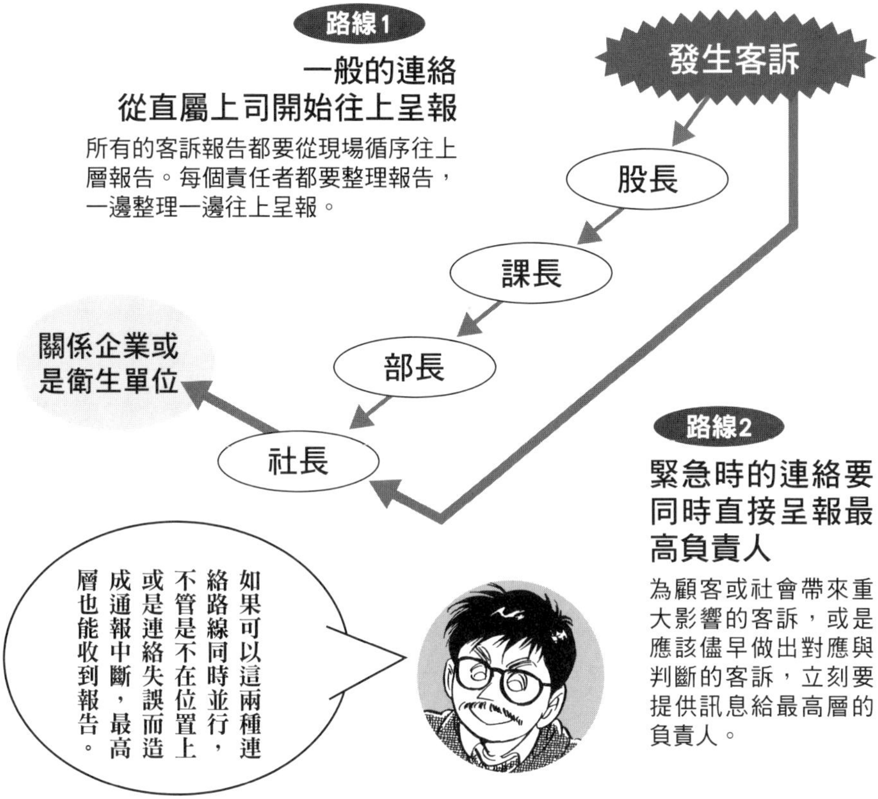

路線1
一般的連絡
從直屬上司開始往上呈報
所有的客訴報告都要從現場循序往上層報告。每個責任者都要整理報告，一邊整理一邊往上呈報。
發生客訴
股長
課長
部長
社長
關係企業或是衛生單位
路線2
緊急時的連絡要同時直接呈報最高負責人
為顧客或社會帶來重大影響的客訴，或是應該儘早做出對應與判斷的客訴，立刻要提供訊息給最高層的負責人。
如果可以這兩種連絡路線同時並行，不管是不在位置上或是連絡失誤而造成通報中斷，最高層也能收到報告。

如果顧客提出「○○○先生（小姐）的態度我不能接受」時，這時就應該當作是針對公司全體的客訴。站在負起責任立場的人或責任感強的人當中，可能會有因為是自己造成的客訴，所以要靠自己來解決的想法；也可能有那種考慮到會影響日後的升遷，所以對報告躊躇不前的人。

雖然員工每個人對工作負起責任是很重要的，但客訴不能只停留在個人的問題上。因為隱瞞問題並不能防止問題不再發生。

掌握客訴的組織問題，塑造逐步報告的架構是必要的。靠整體組織對客訴對做出回應，並將之變成公司的財產。

資訊共享，防止客訴的再發生

1 將發生的客訴全部收集起來

客訴報告書

如同92頁的範本，將何時、何地、何人、為什麼提出客訴、對應者與對應方法、經過、結果等詳細記錄下來。

報告所有的客訴問題

不管解決與否，還不知道是否提供賠償等，全部的客訴都要向主管報告。不是光口頭報告，還必須做成文件提出說明。

個人的資料管理是嚴重的問題

要確實管理好提出客訴的申請人姓名、年齡、連絡方式等個人資料。訊息在員工間傳閱時，必須隱藏個人資料。

客訴給人強烈的不好印象，要向上報告實在很難啟齒。因為這樣好像會將自己接受客訴的問題暴露出來。如果組織中出現這樣的氣氛，是很難累積客訴對應的know-how。

如果缺乏過去的情報和know-how，不但會發生類似的客訴，也沒辦法防止再發生。如果終究沒有改善，顧客早晚會離開。所以一定要報告客訴問題，養成習慣，作為整體組織共享的資訊。

反覆上述三點方式，可以磨練客訴對應的技巧。另外，對客訴也能做到防患於未然。

2 收集原因、對應方法、結果等訊息加以分析

定期召開會議，協商對應方案

員工、同事間互相共享情報，彼此磨練客訴對應的技巧。在集合各部門的情況下，可以檢討公司整體的改善策略。

收集客訴問題，並資料庫化

為什麼客訴這麼多？容易發生客訴的是什麼樣的狀況？可以解決和不能解決的差異是什麼？建檔之後，這些一個個的客訴原本難以理解的部分也很容易發現。

3 共享情報，防止相同的失敗 & 改善產品、服務和結構

開發新服務或新產品

為了消除顧客的不滿是很花工夫的。因為客訴的機會，也能因此產生出新的產品或服務。

分析之後，作成對應手冊

分析過去的資料，抽出客訴發生的傾向與對策。然後據此作成更好的對應手冊。

手冊要定期更新，不斷持續改善是很重要的。

為了不讓對應亂七八糟，先決定組織的方針

◆　如果顧客抱怨沙拉裡有蟲

工作人員A
「真是非常抱歉。馬上幫您換一盤。」

工作人員B
「這是吃了也不會有害身體的蟲。這正是菜很新鮮的證明啊！」

工作人員C
「很抱歉，這餐免費招待。」

工作人員D
「真是非常抱歉。這是我們的優惠券，請收下。」

公司的方針是什麼？

不管是對什麼樣的顧客，儘可能採取相同的對應，所以公司的方針應該要很明確。以舉例說明的方式來表現公司的方針比較容易了解。

曾有顧客提出這樣的客訴：「每次接待我的業務員因為休假的關係，改由其他人來接待，但對應很糟糕，讓我很生氣。」

　顧客透過一個個的工作人員，認識公司與品牌。若是根據不同的負責工作人員而產生正反不同的印象，就是組織的問題了。為了做到不管是負責對應，都能夠達到一定的水準，所以必須製作工作手冊。

　客訴對應也是一樣。如果因為工作人員不同而有不一樣的對應，會讓顧客產生不信任感。同時與不同顧客交談時，如果客訴對應有差異的話，會讓顧客有「這公司會根據顧客不同而改變態度」吧！欠缺公平性是違反客訴的基本原則的。

◆ 就算有對應手冊……

真抱歉，安排您坐吧台的位置好嗎？

你就坐吧台吧！
快點

即使根據對應手冊對應，帶給顧客的印象也是正反兩面的。在習慣操作對應手冊之前，努力鑽研內容是很重要的。

表明公司的方針、成為對應的基本原則，並準備好對應手冊的話，就能帶給工作人員自信和安心。

advice

不是用腦子，而是要用身體記得

如果做好了對應手冊，不光只是公佈出來而已，還必須做到宛如直覺反應的訓練。

要如何對應顧客，為了做到在用腦子想之前，身體就已經先行動，實際上，最重要的就是試著用身體行動。從平常開始，如果能提高對客訴的意識，反應也會更加快速。

從一開始的對應者就要得到正確的訊息

◆ 上司登場時要保持冷靜

顧客的感覺

「一點也沒把我的理由給聽進去。」
「叫下面的人來應付我，把我當笨蛋嗎？」

顧客覺得自己沒被好好重視、不被尊重。

上司登場

「終於清楚事情的重要性了。」

因為自己的想法總算被理解，顧客的情緒也會稍微好轉。

上司出馬的話，對應的工作人員也會覺得比較安心。

提出「叫你的主管出來」的顧客，是因為對現況的處理無法接受。他們認為如果是跟上司說明，會比較講得通。如果花了一些時間在對應上，那麼請出上司也是一種解決方法。

從顧客的立場來看，當上司出馬，表示自己的要求總算有個回應了，應該就能產生達成目的的感覺。

但是，就算換上司出馬，如果讓顧客長時間的等待、還是要從頭開始說一樣的話，顧客可能還是會覺得「果然還是沒聽懂我的話」。所以在換對應者的時候，一定要將談過的內容正確地轉達，這是最重要的。

如果接手的上司能夠理解自己的想法，顧客的憤怒必會有某種

從剛剛開始，同樣的話已經重複說了好幾次了！
既然是新品，一開始就壞了並不能當作理所當然吧？我已經受夠了！

避免讓顧客重複說明同樣的話。再確認的時候，由我方重複顧客的話，以問話的方式請顧客確認。

程度的收斂。因此，接下來說明能夠對應的部分和無法對應的部分，顧客也會知道沒辦法再做出更超過的要求而接受我方說法。

如果顧客所說的話和初期對應者轉達的話不一樣的時候，一定要再仔細聽一次顧客的說法。

詢問一開始對應的人

客訴的內容

何時、何地、為什麼會發生、做出什麼對應、提出什麼樣的解決方案等

根據於報告書的基礎，正確地轉達顧客談話的內容、對應者傳達的內容。
注意日期時間、數量等數字，受害的程度等，必須確實無誤。

在上司出來對應之前做好準備

在上司出馬之前，不只是客訴的內容，也要確認好顧客的資料、類似的客訴對應案例等，做好事前的準備。

陳述道歉與善後方式，傳達不再發生的決心

◆ 避免只用文書的做法

1 用電子郵件或傳真的客訴也要直接當面的方式對應

如果只用文字往來的方式，情感的傳遞很容易產生錯誤和誤解，試著和顧客商量是否需要用電話和直接會面的連絡方式來對應。

2 以面談和電話方式的客訴，可以加上文書

與顧客直接交談之後，追蹤詳細的內容，或是再次表示歉意等，作為輔助的方式來使用。這樣會帶給顧客更謹慎親切對應的印象。

即使顧客希望以書面方式來處理，儘可能還是找機會親自見面。

即使接到客訴，公司的人要誠心誠意地道歉並給予回應，這樣比較能夠使顧客接受，隔天如果再以公司的立場寫一封禮貌的手寫道歉信，對方今後再使用公司產品的可能性也會提高。為了取回喪失的信賴，在寫道歉信的時候，方法之一就是要表現出誠意。

道歉信要坦率而直接地道歉和說明，在顧客理解之後發出此信。然後再度道歉，確認事情的狀態。另外，也可以報告原因、補充說明今後的改善方案等。道歉信無須過度謙卑，只要表現出認真反省的態度即可。

另外，像這類的道歉信、謝罪書不可以隨便地重複使用。而應該思考寫信的重要性，確實地檢

◆ 書信的基本形式

抬頭不可以省略

正確地寫下正式的稱謂。公司的話，可以用（股）取代股份有限公司。公司名稱之後換行寫下對方的部門名稱與姓名。

以一目了然的方式寫下標題

例如「關於送錯產品」、「關於瑕疵品的道歉」等，寫下不管是誰看了都能馬上知道信件主旨的標題。

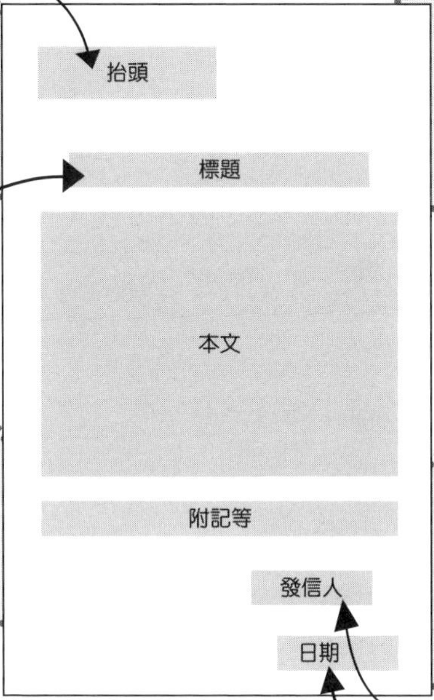

要寫上發信日期

使用西元或民國紀年都沒關係。寫下發信的日期。

理所當然要寫出發信人的名字

不只是負責人，還要寫出責任者的名字，以表示理解問題的嚴重性，顯示出確實了解問題的態度。

關於本文與附記的要點請看下一頁。

討之後再發信（請參考57頁）。然後，還要交由公司內部法務部門等確認書信內容是否沒有問題，務必確認後再寄給對方。

advice

寄出之前要確實讓法務部門負責人確認內容

在交付對方書信之前，應該考慮是否要只靠一人之力獨自去完成。

經過不特定多數人的檢視，此信是否會成為法院的證據或是造成問題等，務必要請法務部門負責人或是律師看過，確認沒有問題之後再寄出比較好。

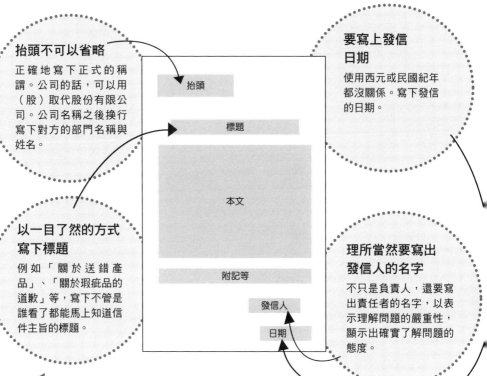

例文 1 針對產品錯誤的指責，發信道歉並再重新配送的通知

送了與客戶所訂購的產品有異的情況，要發信道歉，並再發出重新配送的通知。首先先用電話告知，包含了之後確認的意思，然後再一次以信件通知即可。

啟事敬詞和結尾敬語使用對稱的用語

文章開頭的問候啟事敬詞（譯按：發語詞，表示要開始述說事情）與最後結尾的結尾敬語，最好是配合狀況使用。一般的話會以「敬啟者」做開頭，最後用「敬此」做結尾。如果要變更其他用法的話，可以使用「謹啟者」、「謹此」。

這裡是季節的問候和日常的問候。

（譯按：這是日文書信的用法，中文通常把應酬問候放在最後一段）

物品配送錯誤的致歉

敬啟者，時值越發順利康泰之時，十分欣喜。

平時承蒙您格外關照，由衷表示感謝。

前日，關於您來信指正所收到的商品與訂購之物有異，在盡快確認之後，發現是敝社在收到訂單的時候處理錯誤的緣故。真是非常抱歉，我們在此致上深深的歉意。

另外，關於您所訂購的商品，我們將依下記訂單資料來處理。

今後，我們為極力避免發生同樣的錯誤，已進行系統的更新。還望請見諒。

今後也請不吝繼續給予支持。

敬此

・商品「○○○○○○○○○」20件
・配送日期 X年X月X日（星期X）

首先，先陳述道歉的話，確認事情的狀態

即使原因尚未明朗之前，也可先報告調查中的現狀。

整理並寫下時間日期和數量的記錄

記錄下詳細的數字，並整理成易讀的形式。在為通知信的錯誤而道歉的時候，也要附上資料的正誤對照表，並讓修正的部分與正確的資料清楚易懂。

例文 2　針對待客態度，回覆抱怨的信

謹慎地道歉，請求原諒，並希望顧客再次光顧。
信件要以讓顧客息怒為目標，必須寫得文情並茂。

敬覆 欣聞越發健康安泰，十分欣喜。

多年來，承蒙您特別的關照，由衷表示深深的感謝。

這次，您依然不嫌棄地光臨敝店「〇〇〇」，卻遇到工作人員的待客態度不周之處，我們真的感到十分的抱歉。

平常我們即有進行待客的員工進修課程，卻沒能確實教育好員工，造成您的困擾，身為責任者，特此感到萬分歉意。

因為當天負責接待您的工作人員是四月剛進入公司的新人，沒想到讓您感到不愉快。

今後為了不讓同樣的事情再次發生，我們將徹底地努力實施員工教育訓練。

還請繼續不吝支持我們。

敬此

有理由的情況，在道歉之後做說明

附帶提到今後的對策，請對方繼續再光顧。

不只是當事人，責任者也須道歉

如果責任者的名字也寫在信裡，可以傳達出組織深刻理解事情嚴重性的感覺。

透過平時的防犯和消防對策就先除掉客訴萌發的可能性

◆ 全員因危機意識而努力

責任者

為了不要讓客訴成形，在一開始的時候就要仔細地檢查。提高從業員等的防犯意識。

現場工作人員

漏水、商品陳列、地板的破損等，在問題成形前先注意到，並提出報告和處理方式。

警衛工作人員

發生緊急事態的時候，一方面引導顧客安全地避難，一方面要向警察通報。

防止事故和事件的發生是第一要務。

為了避免因為事件和事故產生的客訴，防止事情發生的對策就變得很重要。

所謂的防犯，不是把事情丟給警衛就好了，負責人必須首當其衝盡一份心力。鎖門的時候，注意周圍的情況；在顯眼的地方設置防犯攝影和電燈，可以讓人感覺到這是一家防犯意識高的店，會讓人產生安全感。

另外，確保滅火器等消防設備、逃生路線，固定棚架以防止地震時倒塌；任何人都能容易拿取的商品陳列方式等，重視安全並仔細檢查。應該養成確認是否有「與平常狀態不一樣」、「好像哪裡怪怪的」等意識。

◆ 防患於未然的防犯系統

防犯攝影機

在顯眼的地方設置數個攝影機，可以提高防犯的效果。從錄下的畫面也可以抓到犯人。

你看，那裡有防犯攝影機。

這個攝影機是可動式的，會隨著移動的物體移動，很有趣吧？

除了成為被害人的顧客，不可以將防犯攝影機錄下的畫面給一般人看。

感應式警報器 感應式電燈

隨著移動的物體產生反應，警報器發出聲音或是電燈自動亮起，也有直接向管理者通報的類似物品。

防火管理與消防訓練

在適當的位置設置滅火器，定期舉行消防演練，當發生事故的時候就可以馬上採取行動。

急救包與救助用具

當顧客或工作人員受傷的時候，為了能夠做出處置而預先準備的東西。繩子、梯子等救助用具也要因地制宜地事先準備好。

從新聞或當地的話題來檢查客訴的導火線

客訴是活生生地反應社會上的動態。例如，當時黑心食品成為話題的時候，關心成分標示的詢問就會突然增加。當受到世人注目的時候，表示的方式是否難以理解、廣告是否過於誇大等，短時間內都會成為客訴的問題。

為了進行風險管理，必須經常獲得最新的新聞訊息。馬上採取對策等，因為這樣不但能防止客訴產生，在事情擴大之前，就可以解決。

也要注意地區的情報和在相同業界中成為話題的事情。

◆ 不要忽略社會上的動向

確認最新的新聞

確認電視、廣播、報紙等新聞是不可或缺的。因為重大的新聞事件，大多很容易產生相關的客訴問題。也會發生利用新聞的惡質客訴。

樹立接收天線了解地區的資訊

「附近的店家發生了什麼事」等，也要張開天線接收在附近成為話題的訊息。可以拜託住在當地的工作人員去了解，因為客訴的導火線說不定就埋藏其中。

與同業其他公司交換情報

相同業務內容的公司或店家，可能也會發生同樣的客訴問題。

與競爭對手的店交換訊息，可以增加彼此的客訴情報。

ニュース交差点
接下來，是根據〇〇食品的標示成份疑似造假的綜合報導。

新聞

「〇〇製造者被查獲更改衣服質料品質的標示」

設想客訴，建立對策

可以思考假如是該商品的回收、對相同品牌商品的疑問等。盡快收集詳細的情報；另外，決定接受退貨的對應方針、設計假設性問題集，讓從業員的對應不至於變得亂七八糟。

新聞

「進口自××的蔬菜〇〇被檢測出超過標準值以上的農藥殘留」

設想客訴，建立對策

除了販售蔬菜的店以外，餐廳或是賣醬菜的店，也有接到詢問的可能性。為了能夠回答「這個蔬菜沒問題嗎？」、「你們使用的菜的產地是哪裡？」等疑問，做好製造商、輸入產地的確認與準備。

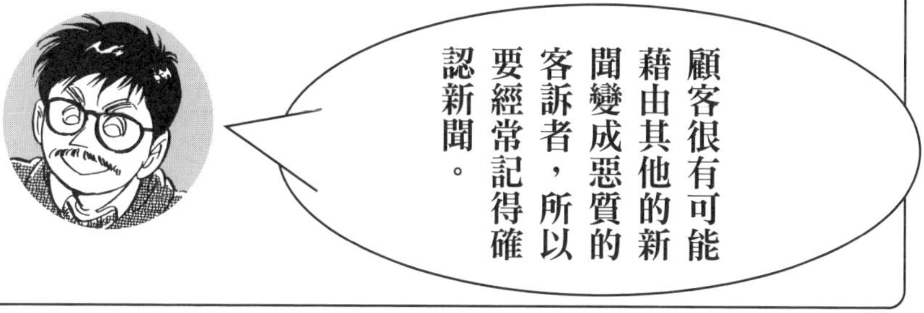
顧客很有可能藉由其他的新聞變成惡質的客訴者，所以要經常記得確認新聞。

和關連企業與行政機關成為團隊

◆ 零售業和製造者一起協力

顧客
「外包裝破掉了呀！」

店家向製造商提出投訴

製造產品的製造商	銷售商品的零售店
只有製造商對應的情況	只有零售店對應的情況
如果原因不是在於製造商，就私下處理了事的話，還是不能解決真正的原因。	如果不能掌握住商品的特性，可能會做出錯誤的說明，只能做到重點以外無關緊要的對應。

零售店與製造商共同協力，對應客訴是最理想的狀態

為了對顧客做出誠實的對應，團結一致、提出最好的解決方式是比什麼都重要的。

◆ 也把行政機關當成顧問

如果有這樣的詢問……，請問該怎麼對應比較好呢？
嗯，是的，非常感謝。那麼就約〇月〇日再向您請教。

無法判斷企業責任的情況下，可以仰賴行政機關的指導

遇到難以判斷的情況時，例如如果有食品標示相關的疑問，可以和衛生署、農委會等相關機構配合，設立詢問服務窗口。

客訴的原因除了商品本身的問題之外，還有可能是運送過程中造成的破損、零售店管理不當等原因。

雖然最容易接到客訴的是與顧客直接接觸的零售店，但其實客訴的原因並不只限於零售店而已。

為了能夠確實了解原因，誠實做出處理，最理想的方式是百貨公司等零售業者、將商品交由零售業銷售的製造商，甚至是負責物流的公司等相關企業結合成互相協力的關係。

另外，近年來，因為消費者問題增加的緣故，行政機關也設立了各種詢問服務窗口，並進行相關法令的修正。請積極地活用這類的公家機關。

接受意見，發揮在改善與開發上

◆ 收集意見讓自己進步

報告書

客訴報告書

從每一位顧客身上以抱怨的形式確實收集具創造性的意見。

明信片

回函明信片

夾帶在雜誌上、送到各店鋪，收集來自特定客戶的情報。

電子郵件

以電子郵件收集意見

活用網頁和廣告，從大範圍的領域輕鬆地收集意見。

讓監督者提出意見

集合優良顧客和愛用者，在那樣的場合下收集意見。

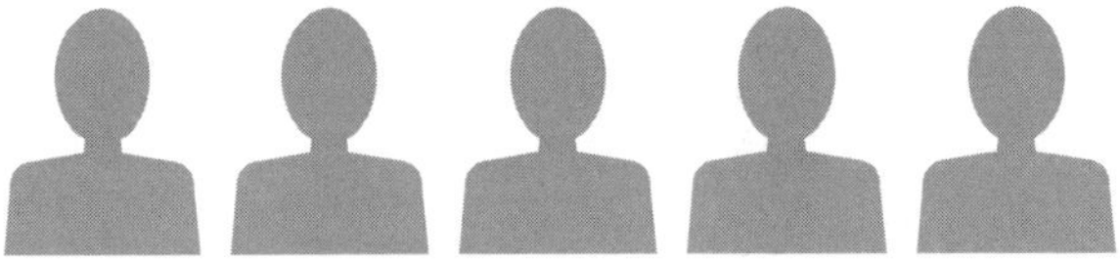

產品開發也可以參考顧客意見。

◆ 透過客訴能使公司進化

顧客的不滿

營業部
「待客態度很差」、「品項太少」、「網路購物很難用」等抱怨的處理，可以促使公司塑造更容易購買的賣場。

製造部
為了排除「按鈕沒反應」、「味道很難聞」、「故障了」等客訴，會促進產品的改善和改良。

商品開發部
如果得到來自顧客「好想要有這種功能的商品」的期望，也許就能產生企業用一般常識從未想過的商品。

達到顧客滿意與收益提升

想要排除顧客的不滿，說不定就會更加用心開發出更好的產品和誕生更好的服務。

消除顧客不滿的時候，只讓負面的情緒歸零，是沒辦法留住顧客的。除了讓不滿變成滿意，為了達到加倍的效果，重要的是要將來自顧客的抱怨，產生出新的機會。

客訴可以說是不輸給市場行銷的寶山，所以請將收集到的客訴積極地活用。

接受客訴的時候，抱持著「顧客永遠是對的」這個立場是很重要的。根據這個立場，可以設身處地地把不滿和疑問當作是自己的，和消費者的心連結在一起，就可以因此得到暢銷商品的靈感。

周遭人的支持可以緩和緊張狀態

產生工作壓力要因

職場的人際關係

和職場的人數無關，在職場都會產生人際關係的煩惱和問題。派系間的問題與上司的衝突更是會增加壓力。

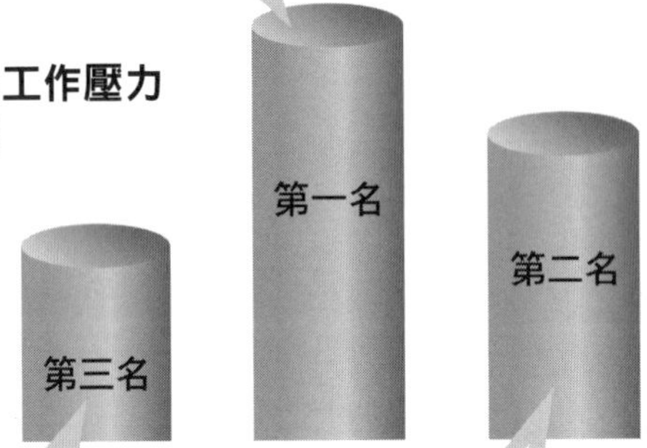

工作的質

責任很重、對於規範和期限的要求標準很高，也會使壓力大增。另外，沒有工作的決定權也會形成一種壓力。

工作的量

工作量太多，工作時間長、常常加班、休假日很少，這些狀況都會成為壓力。特別是工作時間過長，容易感到疲累。

資料：根據日本厚生勞動省（根據2002年勞動者健康狀況調查）

工作的壓力程度可以說是由「工作的量」、「工作的質」、「職場的人際關係」這三個要因來決定的。

其中影響最大的要素就是職場的人際關係。

不論早晚，都必須投入最大的注意力在處理客訴對應上的時候，更會深深感到在職場上沒有朋友的孤立感，而想要放棄工作吧！

就算工作再怎麼辛苦，如果有上司的理解、同事間有信賴關係的話，就可以讓壓力減輕。互相聊天、說一些蠢話、一起笑，都是很重要的。

Part 5

對疑似犯罪的行為和要求，要會保護自己

～針對惡質客訴的對應與法律常識～

惡質的客訴者，會用各種方式來達到目的，
冷靜沈著且毅然的對應祕訣是……

惡質客訴者非常喜歡引起恐慌

◆ 意圖造成對方混亂以達成目的

講話很大聲

會大聲怒罵「混蛋」、「你是怎麼搞的？」用力拍桌子、做出恫嚇的樣子。被怒斥的一方，則會像是被雷打到一樣，全身因恐懼而發抖、畏縮，腦子變成一片空白。

抓住弱點

專挑最忙的時段來抱怨、要求會面或是打電話來。找很多人到店門口或是公司門口晃來晃去、佔據出入口、做出討人厭的行為。

做出暗示

「都是你不好的關係」、「如果公開的話，就讓你做不了生意」等，在不斷重複類似的話之下，讓人覺得搞不好真的會這樣。如果被強力說服的話，可能就會照著對方的暗示去做了。

疲勞轟炸

長時間持續霸佔、每天不斷打來客訴電話等，造成精神上與肉體上的疲勞轟炸。會認為如果照他的話去做，也許就能從痛苦中解脫出來。

很多惡質的客訴都是提高音量怒罵對方，用力摔打東西、不斷重複威嚇的舉止。這讓對應者害怕而陷入恐慌，這是讓事情照自己想法進行的典型手法。讓對手陷入思考停滯的狀態，在他恢復冷靜之前，快速同意要求而逃走，這種行為如同詐欺。

對於已有萬全準備而前來的惡質客訴者，遭受突如其來的襲擊的對應者，一開始就是處於不利的立場。就算焦慮著「好想早點脫離這種狀況」，也無法脫身。但是，這正是惡質客訴者所期望的結果。

對於惡質的客訴，如果可以改變最初的一擊，破壞對方的如意算盤的話，之後就比較容易擊退對方。在受到怒罵的同時，吸氣

◆ 在出發點起步慢了一步

惡質的客訴者

做好準備發動奇襲

惡質的客訴者會先決定攻擊的目標，設想各種的情況，在做好萬全準備之後才去客訴。為了讓對方陷入恐慌，大多會採取突如其來的方式。

客訴對應者

突然接到客訴

面對準備周全、突如其來的客訴，要流暢地對應是很困難的事情。光是要冷靜下來就很難了。所以要避免在那樣的情況下做出結論，進入長期戰的時候，要盡量回到原點。

讓身體充滿力量接受，悄悄地動動腳指，可以有去除緊張感的效果。這麼作的話，應該就可以盡快讓事情重新整理過。

advice

要有利於交涉的話，必須擁有對手的情報

理解顧客是什麼樣的人、帶著什麼樣的目的來客訴的話，可以針對顧客做出對策，也能夠更加從容地處理。

筆記和錄音機是客訴對應的必備物品，望遠鏡也是很有用的道具。在前往拜訪顧客的時候，從遠處就可以觀察對方的態度和樣子。

持續恭敬的接待客人，就可以分辨出惡質的客訴

◆　必須注意的關鍵句

- 你說怎麼辦？
- 我要通知媒體、在網路上公佈
- 現在馬上給我做出結論
- 讓我看看你的誠意
- 給我寫道歉信
- 我認識某某政要
- 現在馬上給我搭高鐵過來
- 給我開除○○○
- 讓我見識一下你身為責任者的能力
- 停業補償、交通費怎麼辦？
- 因為精神上的痛苦讓我無法工作
- 我要向衛生單位檢舉
- 這已經變成業務問題了
- 這是你跟我之間、心意的問題

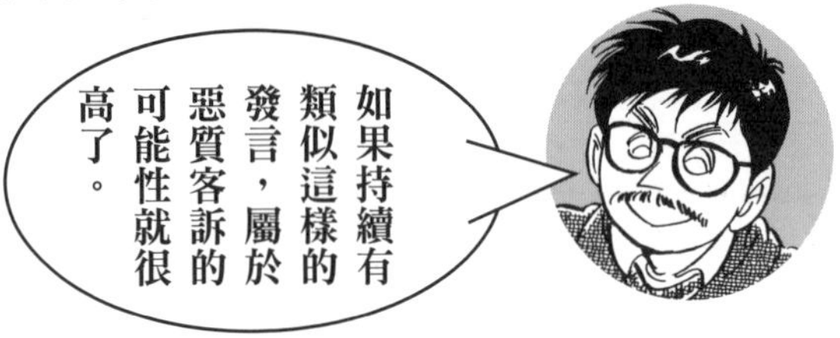
如果持續有類似這樣的發言，屬於惡質客訴的可能性就很高了。

向公司或企業組織投訴的抱怨當中，包含惡質的客訴雖是事實，但多半都是屬於正當的客訴，不能因此忽視它。透過說話的方式和親眼所見的印象，如果認為「這個人的客訴應該是有什麼企圖吧？」而以疑神疑鬼的態度去對待，可能真的就會變成難以解決的客訴。

如果接到的客訴當中真的包含了什麼企圖的話，除了要根據客訴對應的基本，反覆採取追求顧客滿意度的對應方式，也要用能想到的語言和氣氛表達「這個很奇怪」的感覺。如果有很多個奇怪的地方，就可以判斷這是屬於特殊性質客訴的可能性很高。

但是，為了要及早從劣勢脫離而出的話，以為掌握住「惡質客

◆ 符合三點以上，就可以舉黃牌

很大聲地口出穢言
明明沒什麼大不了，還故意說話很大聲，或是拍桌子，做出威嚇的樣子。

完全不聽我方所說的話
單方面重複自己的話，完全聽不進去我方的說明，以言語侮辱我方的時候也是如此。

抓住話裡面的小辮子
誇大我方所說的部分言辭，或是抓住話中的小辮子加以借題發揮。

不肯透露自己的資料
問他名字和地址也不肯回答，在強烈要求下，也只願意提供作為聯繫的行動電話和電子郵件帳號。

只會說叫你們上司出來
這種顧客會說「我不要跟你說」等，認為高層比較能理解而提出找高層出面的要求。

要求馬上回答
這種顧客會說「我沒時間」等，逼迫工作人員當場表現出誠意（暗地裡是想要求金錢賠償）。

顯而易見的病態言行
突然發怒、脾氣很不好、情緒的起伏很激烈。因為這種人很固執，非常難以對應。

訴的徵兆」，卻使提出正當要求的顧客態度變硬的例子也所在多有。想要掌握住是否為特殊的客訴，卻不是那麼簡單就可以記住的。

如果判斷是惡質的客訴，改採風險管理對應方式

CS 追求顧客滿意的對應（Customer Satisfaction）

關於產品、服務的品質與做法，思考如何做到符合顧客的期待與期望。

即使菜單上沒有，也可以照您想點的特別製作。

對於顧客的意見
就是要努力追求帶給顧客滿意的解決方式。

如果判斷出是屬於反社會式的客訴，不要慌慌張張地做出回覆，要以組織全體來做出對應，以妥善地解決為目標。

在發生問題的狀況、時間點下，如果採取組織的應變方式，事情會大事化小小事化無地解決。但是，在多一事不如少一事主義橫行下，管理職或是高層主管對於現場的問題會裝作沒看見。結果，引起社會騷動的大事件的例子層出不窮。

風險管理對應（Risk Management）RM

預測或防止會為組織帶來的風險、甚至是當產生風險的時候，將影響範圍降到最小限度。

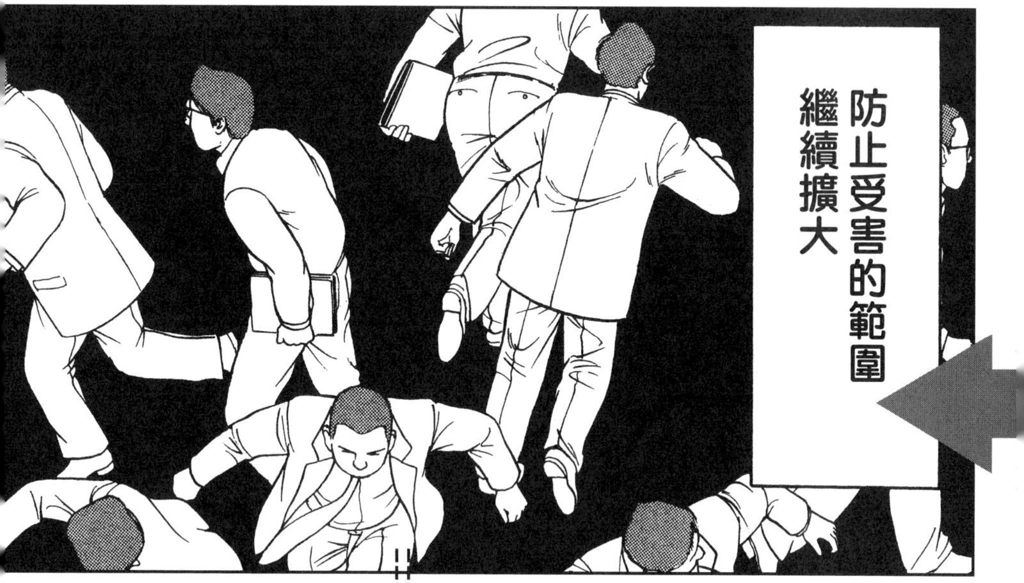

防止受害的範圍
繼續擴大

對於顧客的意見
第一優先的對應方式是避免對企業產生危機。即使必須長期作戰也沒有關係。

至於要如何對應弊案、是否要徹底執行風險管理，是左右企業組織存續的重要關鍵。所以對惡質客訴的對應，也是風險管理工作之一。客訴應該不只是個人的問題，也是企業整體組織應該處理的問題。

懷著感恩的心情接受客訴，當作是改善自己本身問題的契機，就是一種很重要的態度。但是，萬一遇到的是惡質的客訴，是沒有必要還抱著這種態度。若是遇到明顯的不當要求，可以確認是疑似犯罪的情況時，就一定要換成風險管理的方式來對應。

不要急著給予回覆，抱著長期作戰的心情回答對方：「在和公司與內部組織討論過後再予以回覆。」請找相關機構與合作的組織機關全體一起對應吧！

以理論武裝自己的行動，堂堂正正地面對

◆ 與惡質客訴者對應的要點

point 1

交涉時務必多人同行前往

增加監視的眼光，讓對手難以做出激烈的行為。還有，發生意外事態的時候，可以作為目擊證人。可依照交涉者、記錄者等角色分配工作。

point 2

不要忘記錄音與做記錄

要將對方的做法全部記錄下來，使用錄音機的時候，可以說：「不好意思，為了避免出現說法不一的問題，請讓我錄音下來。」以取得許可。

如果照客訴對應的基本，一開始先道歉的話，惡質的客訴者會以「道歉的話，就是承認這是你們的責任了吧？你說要怎麼負責呢？」而開始以此追究。如果從這裡就開始感到畏縮的話，客訴者就會趁勢而為。為了改變這種激烈的追究，在說出「這是為了造成您的不愉快感覺而道歉，並不是承認這是我們的責任」時，以理論武裝自己的行為是必要的。

在對應惡質的客訴之前，遵照本篇所提示的五個重點是很重要的。根據這些重點，理解為什麼、如何做，確實以理論武裝自己，就可讓自己擁有自信。

point 3

不要告訴對方自己的個人連絡方式

如果告訴對方自己住家的地址、私人用的行動電話，可能會不分白天晚上都接到關於對應的電話。所以連絡對方的時候，要從公司打電話去。

point 4

不要輕易給予承諾

就算被顧客要求「只要你寫道歉信，我就原諒你。」在那種時候和那種手段下，也不可以給予承諾。保留說法：「我回去和公司商量一下。」

point 5

對話要在立場平等的情形下進行

如果覺得可能是壞事，以及自覺到是惡質的客訴者，會想要隱瞞本姓。但是，即使是顧客，如果對方不提供姓名與地址等連絡方式，就無法進行交涉。請要求對方：「因為要向主管報告，以公司立場來做出回應是必須的資料，敬請告知。」

「可怕」的東西真的很可怕——以沉默對應

不要看不起我！你這個混帳！
你給我負起責任，馬上做出結論！

被惡質的客訴者怒罵的話……

對策1

鼓起勇氣面對

對於使用嚴厲的言語的惡質客訴者，做不到的話就說做不到，鼓起勇氣坦然地面對說出來。

↓

△ **面對怒罵、臉色難看的對手，要毅然地持續對應是很困難的。**

對策2

接受

被大聲怒罵之外，如果受到惡質的客訴者的攻擊，為了儘早解脫，就接受了對方的要求。

↓

× **這樣會助長客訴者的氣燄，而且會有重複受害的可能性。**

當客訴者嘗到成功的甜頭之後，就可能變得更加惡質化。

對策3

放手

用「只憑我一個人無法做判斷」、「因為害怕而腦子裡變得一片空白，我不知道該如何回答。」等說法，放棄溝通。什麼也不說，表現出放棄的態度。

威脅、裝蒜、好言相勸等都沒有用的話，客訴者搞不好也會放棄。

說話這麼大聲，讓我害怕得說不出話來。
像這次這麼困難的案子，是我第一次遇到……真的很抱歉，我自己一個人無法做出判斷。

不管說什麼，惡質的客訴者就是聽不進去，可能還一邊大聲斥喝，一邊以壓迫方式要求解決。如果回應了他的無理要求，就會欲罷不能地繼續變本加厲。

能夠解開這種尷尬狀態的就是宣告「我放棄了」，即「沉默是金」的技巧。例如，即使自己身為企業組織的高層，跟對方說：「這不是我自己一個人的公司（商店）」也是OK的。

不過，如果是馬馬虎虎敷衍的態度，可能會火上加油。如果跟對方說「這樣我們無法談下去」而準備離開時，重點是徹底扮演可憐兮兮的角色，「因為你沒感受到我們真誠的誠意，我也不知道該怎麼辦了。」

從「五秒的沉默」變成「十秒的沉默」

怒罵之後的沉默會形成恐怖

應對者
「……」

回敬以比對方的沉默更長的沉默

惡質客訴者
「你有沒有在聽啊？」

對應者
「是，我在聽。」

惡質客訴者
「不要沉默不講話，快點給我回答！」

應對者
「……」

如果被怒罵，就不要回應，保持沉默。

當事情沒有照自己預設的方式進行時，惡質的客訴者是不會輕易退卻的。就算斷然地回絕，還是會繼續提出無理的要求，甚至以恫嚇的方式來達到目的。

當說出「你打算怎麼辦啊？」等恫嚇時，對方的手段是在這之後，大約五秒鐘的時間，完全沉默地等待回答。如果對應者無法承受這種沉默的恐怖感，而自己先回答：「那麼……，就這麼做好了。」正中客訴者的下懷了。

為了不要落入這種手段之中，如果對方沉默五秒鐘，我方在這當中可以花十秒的時間，完全保持沉默更好。如果是來自於自己的沉默，那麼事情就不會變得很恐怖。對方自亂陣腳之後，狀況應該也會隨之改變。

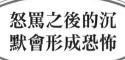

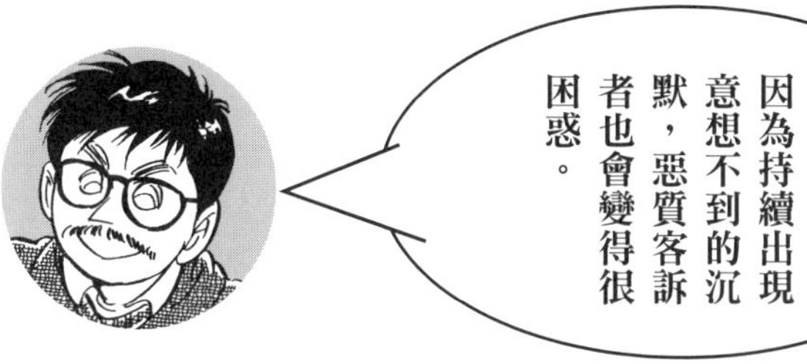
因為持續出現意想不到的沉默，惡質客訴者也會變得很困惑。

非常抱歉，接下來的對話，因為不能有過錯，所以這個電話將會被錄音，敬請諒解……。請您繼續說。

對惡質的客訴要做電話錄音

如果是惡質的客訴，在以電話交談的時候，也要保留錄音的記錄。告訴對方正在錄音，也可以表現出我方的態度，同時也藉機給對方一些壓力。

advice

如果怒罵的聲音太可怕，可以把聽筒放下

雖然對待客訴認真是必要的前提，但如果對象是惡質的客訴者，完全持續不斷聽對方說話真是會讓人很想死。

當對方用電話不斷怒罵時，可以把話筒放在桌上，從耳邊拿開。當怒罵聲在耳邊停止的時候，就可以再恢復精神來對應。

不要同意也不要反對，用四兩撥千金來回答

◆　「善解人意」有利也有弊

惡質客訴者
「應該有更好的方法吧？」

解讀對方的心意，想說不如以金錢來解決的B先生

「今天就這樣，饒了我吧！」

因為對方沒有具體的要求，就擅自先幫對方解套，反而變成誘導對方做出要求的目標。

確認對方具體要求的A先生

「您說有什麼辦法呢？」

如果是具體的提出要求可能會變成恐嚇，所以用裝傻的方式來對應，惡質的客訴者也會知難而退。

惡質客訴者如果顯露出恐嚇式的抱怨時，對應者會變得焦慮起來，而急著想快點把事情解決。

如果判斷對方是屬於惡質客訴者時，不要掉入對方的圈套中，固守自己的基本範圍是最很重要的。也不要陷入對方「多用點腦筋吧！」等的挑撥裡，以四兩撥千金的方式避開。

以「雖然您希望用〇〇〇的方式……，但這樣我們很困擾。」等方式回答，或是以「您說得沒錯，因為是我們的責任，所以要拿出誠意。」等既不是同意也沒有反對的方式回覆對方也是一種方法。

不過，這種方式不可以用在無法判斷是否為惡質客訴的一般顧客投訴上。如果讓對方感覺到「回應態度很差」，搞不好就會發展成二次客訴了。

◆ 沒有進展的對話會讓對方焦躁不安

惡質客訴者
「我要散佈在網路上喔！」

應對者
「在網路上流傳啊……，這樣我們會很困擾呀……」

> 用既不同意也不反對的方式回應對方的話。

惡質客訴者
「如果你拿出誠意來就算了。」

應對者
「是，這次讓您感覺到不愉快，
真的非常抱歉。」

> 道歉，只要做到符合對方不滿的適切對應即可。

惡質客訴者
「你只會用嘴巴道歉嗎？應該還有別的道歉方式吧？」

應對者
「沒有這回事！我們是由衷地感到抱歉。別的道歉方式，
是哪種方式呢？」

> 聽聽看對方的具體要求。

惡質客訴者
「混蛋！你也是搞不清楚狀況的傢伙啊！」

應對者
「是，我腦筋一時轉不過來……，真的很抱歉。」

惡質客訴者
「我去告訴媒體也沒關係嗎？」

應對者
「媒體嗎？像我這樣的小人物，顧客您想怎麼做，
我也沒辦法說什麼……。」

> 就算被對方怒罵、挑撥，也要維持自己的步調。

大家一起用積極的方式放著不管

除了要把客訴投到總公司，還要連絡衛生單位和消費者保護基金會喔！你們到底要不要做出回應？

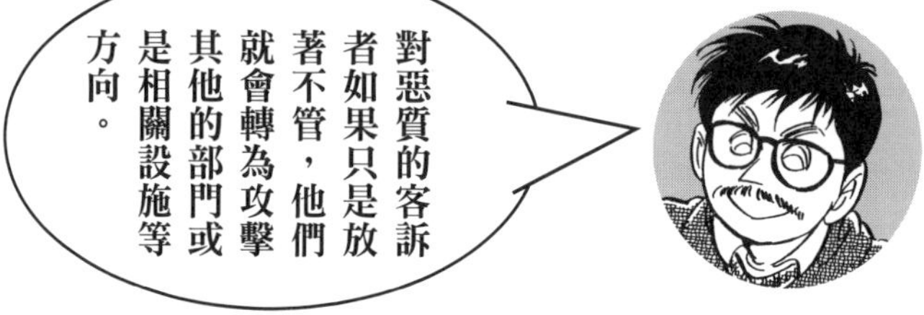
對惡質的客訴者如果只是放著不管，他們就會轉為攻擊其他的部門或是相關設施等方向。

對完全不死心的惡質客訴者，就算一直是用一般的方式去對應，他們也不會放棄。

但是，如果放著不聞不問，他們就會將攻擊的矛頭轉向相關的其他部門，反而造成更大的騷動。為了避免發生這樣的事情，提前行動，將事情轉達相關各部門，「『窗口是○○○』請多指教。」做好準備工作。這種方式，就是所謂的用積極的方式放著不管。

不管對方從哪個地方來攻擊，只要跟他說「窗口是○○○」，找不到對象的客訴者，將會漸漸變得無計可施。

這麼一來，即使那樣的惡質客訴者也只好放棄。

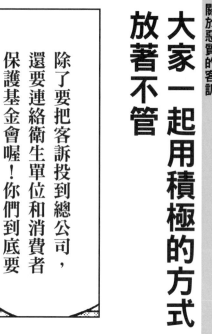

◆ 互相合作以包圍客訴者

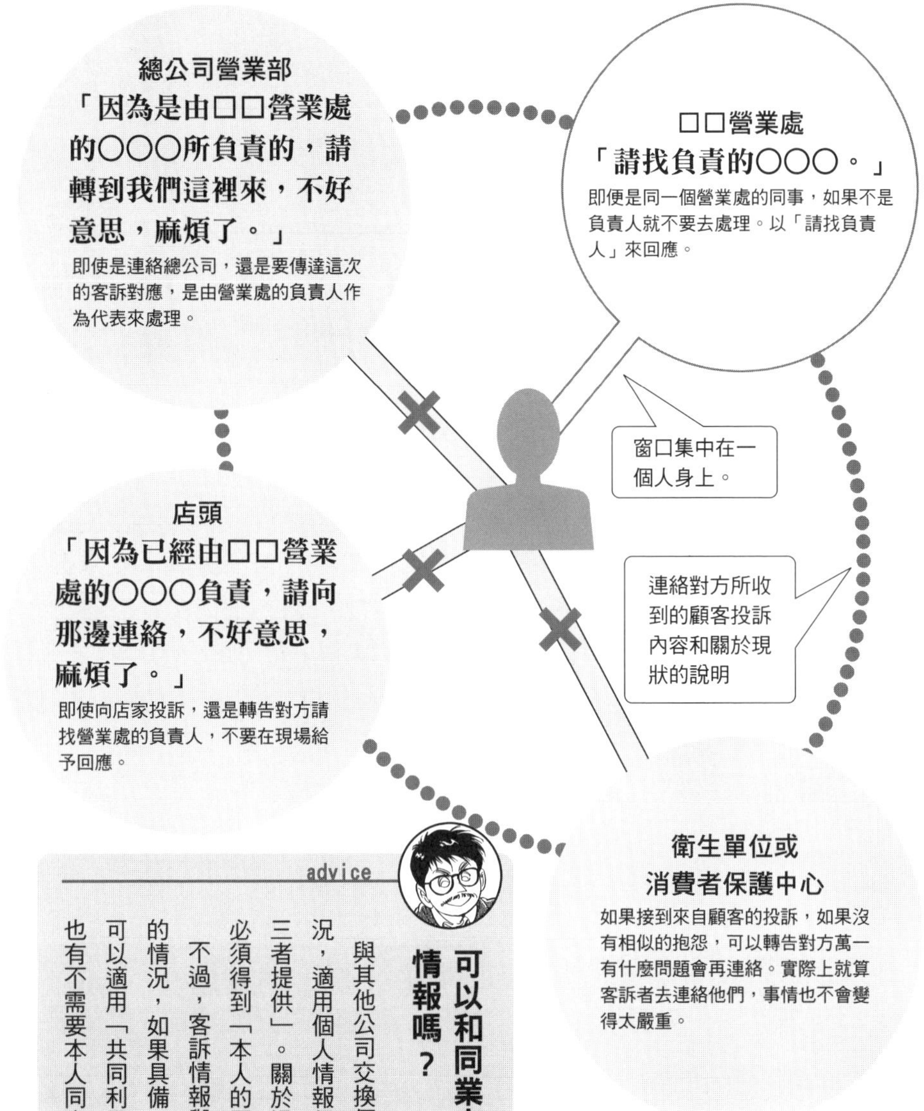
總公司營業部
「因為是由□□營業處的○○○所負責的，請轉到我們這裡來，不好意思，麻煩了。」
即使是連絡總公司，還是要傳達這次的客訴對應，是由營業處的負責人作為代表來處理。
□□營業處
「請找負責的○○○。」
即使是同一個營業處的同事，如果不是負責人就不要去處理。以「請找負責人」來回應。
窗口集中在一個人身上。
店頭
「因為已經由□□營業處的○○○負責，請向那邊連絡，不好意思，麻煩了。」
即使向店家投訴，還是轉告對方請找營業處的負責人，不要在現場給予回應。
連絡對方所收到的顧客投訴內容和關於現狀的說明
衛生單位或消費者保護中心
如果接到來自顧客的投訴，如果沒有相似的抱怨，可以轉告對方萬一有什麼問題會再連絡。實際上就算客訴者去連絡他們，事情也不會變得太嚴重。

advice

可以和同業交換客訴情報嗎？

與其他公司交換個人情報的情況，適用個人情報保護法的「第三者提供」。關於這點，原則上必須得到「本人的同意」才行。

不過，客訴情報與同業者共享的情況，如果具備一定的條件，可以適用「共同利用」的例外，也有不需要本人同意的情形。

認識屬於犯罪行為的界線收集證據，與警方連絡

◆ 認識屬於犯罪行為的界線

Case 1

一邊拍桌子、一邊大罵

➲雖然如此，不能說是犯罪行為

因為沒有身體上與精神上的被害，所以不算犯罪。如果經過很長時間，可以判斷在店內怒罵的行為，造成妨礙營業時，也可以說有違法行為的可能性。

Case 2

去拜訪的時候，到半夜兩點已經將近六個小時了，都還不肯放人回去

➲全部的行為都不能算是犯罪行為

若即使我方提出「想要離開」，對方不只相應不理，還做出將人架住等限制行動的舉止時，就構成不法行為了。

Case 3

想要錄音的時候，錄音機被摔壞、破壞

➲變成毀損器物

不當地破壞我方持有的物品，或是強行奪取的情況，即構成不法行為。因為這種是構成侵害他人財物的行為。

Case 4

抓住衣襟

➲構成暴力行為

故意抓住衣襟、撞擊、將人推倒等情況，都可以視為是不法行為。

Case 5

固執地打電話、在店內大聲咆哮

➲也可能構成妨礙業務

長時間佔用電話線路、對工作人員窮追不捨要求回應。如果在店內造成騷動，也會帶給其他顧客困擾。如果是屬於非常惡質的情況，即構成妨礙業務。（參照150頁）

不法行為的範例

造成傷害

故意地對人身做出粗暴的攻擊、不小心造成受傷的情況，即構成傷害和暴力行為（正當防衛與緊急避難等除外）。

侵害財產

故意或是因為不小心破壞了他人的物品、擅自處理對方的財物、即是屬於恐嚇、強奪的行為。

帶來精神上的痛苦

故意或是不注意的情況下，傷害他人名譽、帶給對方脅迫、不安，傷害對方信譽等。

在事情發生前事先作好防備。

要排除客訴者要求的時候，如果感覺到對方的言行舉止有疑似暴力罪或脅迫罪的時候，請報警處理。如果有往來記錄的書面資料或錄音帶，更能得到確定的建議。

如果知道已經報警處理，很少有客訴者還不罷休的，但還是有會繼續糾纏的。

如果確定屬於犯罪行為，提出「遭受這樣的被害」，接著就等警方的搜查。

但是儘可能避免產生被害的狀態。事先和警察討論如何預防，重要的是和警察機關建立深厚的聯繫。

◆ 對方會留下的惡質的證據

●偶而會打恐嚇電話來的情況

「像這樣多次打電話來，變成業務上的困擾。」

告訴對方這樣反覆打電話過來已造成困擾。留下錄音或記錄，作為多次告知對方希望對方停止這種行為的證據。

●回不去、不回去的情況

「今天所談的，我會回公司報告，後天重新再回覆。」

明確地告訴對方要我方想要離開的意思，是很重要的。也要確實告知當場無法給予回覆。

●受到器物損毀、暴行的情況

「如果今後還發生相同的問題，會連同今日的記錄一併提交給警察處理。」

為了可以和警察討論，必須把對方的行為舉止都記錄下來。確認犯罪性的時候，提出最後通牒與損害報告。

不管什麼情況，走到這樣地步，就要拒絕

「再接下去的對應，我們做不到。」

↓

「變成妨礙業務了。」

↓

「因為妨礙業務，已經通報警察了。」

↓

「通報警察」

↓

「依照警察的指示，將對話錄音下來。」

對於微不足道的客訴，突然就說「要報警」等話，無疑是火上加油。確實地依照各步驟階段來作對應，並留下往來的記錄。

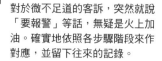

◆ 發生危險的時候要如何保護自己

不要忘了如138頁所提出的五個實行要點。

感到危險的時候就逃走

雖然擁有不屈服於脅迫的勇氣很重要，但如果感到人身危險的時候，逃為上策。因為話不投機的人也所在多有。

告訴周遭的人自己的預定行程

發生什麼事的時候，要讓上司和朋友知道客訴對應的對象其連絡方式、自己回家的時間等，讓周圍的人都知道自己的行蹤。

打著黑道背景關係的對應只有一種

如果對方說自己是黑道份子報出幫派名號的時候，如果連絡警察會被警告。
如果對方可能是黑道份子的時候，還是跟警察或是防範暴力組織的相關單位連絡比較好。

有金錢目的的客訴，黑道份子是不會一開始就使用暴力的。

老子很不爽，
你這混帳傢伙！

以存證信函表示認真的程度

◆ 這種時候不要提出存證信函

想要和解的時候

（不想吵架的情況）

對方並不是那種具有惡意的客訴者，如果還想維持與顧客的關係繼續往來的話，應該協商以尋求圓滿的解決方式。

想要和對方好好談的時候

可以用電話或是電子郵件等方式連絡時，對方回應願意進行協商。不要放棄尋找可以解決的辦法。

我方處於弱勢或是有錯的時候

發出存證信函，如果對方也應戰的話，就進入法律的程序。情況變成這樣的時候，應該要檢討是否會對自己造成不利的立場。

存證信函是一種寫下何時、對象是誰、目的是什麼等內容的書信，並透過郵局發信的證明。而且有寄送證明的話，也可以有對方收到的證明，可以防止發生說過什麼、沒說過什麼的爭執場面。

如果進入法院審理的情況，存證信函也能作為法律上的證據，發揮效力。

惡質的客訴者如果要求以書面做出道歉或是回答的時候，利用存證信函，可以表現出我方對於事件的認真程度。因此，必須要問到對方的地址、姓名、家中的電話號碼。

存證信函本身不只具有法律效力，對於犯罪性質高的惡質客訴者來說，也能讓他們感覺到這個

◆ 寫法與做法的規則

存證信函要一式三份，連同寫有寄送對象地址的信封一起，不要黏貼封口，直接交給郵局處理。除了寄送的那一份之外，另外郵局會保管一份、另一份交寄件人留存。

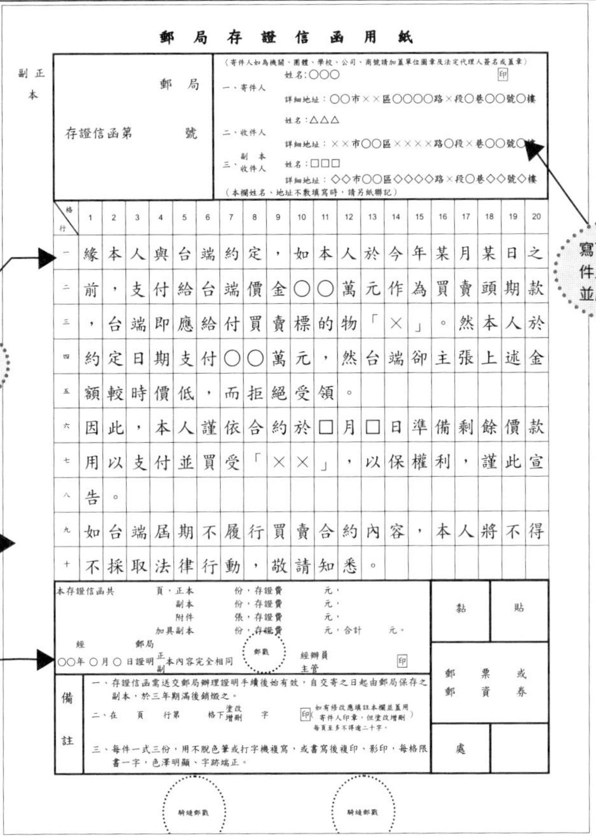

郵　局　存　證　信　函　用　紙

正本
副本

郵　局
存證信函第　　　號

（寄件人如為機關、團體、學校、公司、商號請加蓋單位圖章及法定代理人簽名或蓋章）
一、寄件人　姓名：○○○　印
詳細地址：○○市××區○○○○路×段○巷○○號○樓
二、收件人　姓名：△△△
詳細地址：××市○○區××××路○段×巷○○號○樓
三、副本收件人　姓名：□□□
詳細地址：◇◇市○○區◇◇◇◇路×段○巷◇◇號◇樓
（本欄姓名、地址不敷填寫時，請另紙聯記）

格／行	1	2	3	4	5	6	7	8	9	10	11	12	13	14	15	16	17	18	19	20
一	緣	本	人	與	台	端	約	定	，	如	本	人	於	今	年	某	月	某	日	之
二	前	，	支	付	給	台	端	價	金	○	○	萬	元	作	為	買	賣	頭	期	款
三	，	台	端	即	應	給	付	買	賣	標	的	物	「	×	」	。	然	本	人	於
四	約	定	日	期	支	付	○	○	萬	元	，	然	台	端	卻	主	張	上	述	金
五	額	較	時	價	低	，	而	拒	絕	受	領	。								
六	因	此	，	本	人	謹	依	合	約	於	□	月	□	日	準	備	剩	餘	價	款
七	用	以	支	付	並	買	受	「	×	×	」	，	以	保	權	利	，	謹	此	宣
八	告	。																		
九	如	台	端	屆	期	不	履	行	買	賣	合	約	內	容	，	本	人	將	不	得
十	不	採	取	法	律	行	動	，	敬	請	知	悉	。							

本存證信函共　　頁，正本　　份，存證費　　元，
副本　　份，存證費　　元，
附件　　張，存證費　　元，
加具副本　　份，存證費　　元，合計　　元。
經　　郵局
○○年 ○月 ○ 日證明正副本內容完全相同　郵戳　經辦員　主管　印

黏貼郵票或郵資券處

備註
一、存證信函需送交郵局辦理證明手續後始有效，自交寄之日起由郵局保存之副本，於三年期滿後銷燬之。
二、在　頁　行第　格下塗改增刪　字　印（如有修改應填註本欄並蓋用寄件人印章，但塗改增刪每頁至多不得逾二十字。）
三、每件一式三份，用不脫色筆或打字機複寫，或書寫後複印、影印，每格限書一字，色澤明顯、字跡端正。

騎縫郵戳　騎縫郵戳

寫下寄件人與收件人的所在地，並用印。

內容須與法務部門或律師討論後慎重地寫下。

雖然沒有規定用紙，但文字數與行數等有詳細的規定。利用制式規格的用紙比較方便。

記載內容書寫的日期

（註：可於郵局網站下載 http://www.post.gov.tw/post/internet/down/index.html）

做法有已經進入了法律程序的意思。因為這樣而感到心裡上的壓力，並且放棄的客訴者很多。

不過，要思考是否過於輕率地隨便就發出存證信函。存證信函應該是只對非這麼做不可的對象發出，請先和公司內法務部門或律師討論，斟酌過內容寫法之後再決定是否發存證信函。

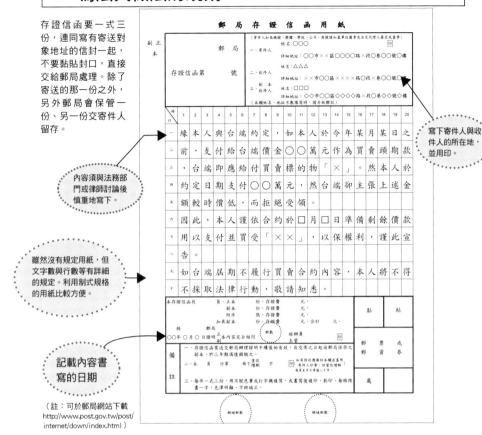

公司內部有律師的話，可以對外給予壓力

◆ 不朝告訴與裁判的方向

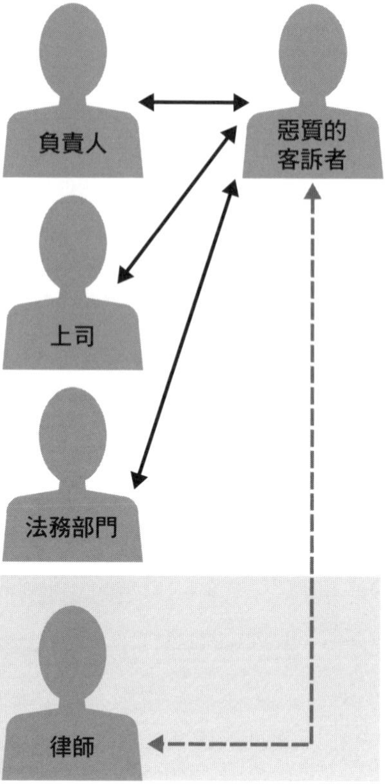

目的在於讓事情收場

為了不讓爭執走到提起告訴或上法院的地步，僅可能讓事情圓滿收場。另外，努力做到顧客的滿意。法律的問題可以和法務部門討論。

目的在於做出法律上的判斷

當對方提出賠償或是慰問金等具體要求的時候，做出法律上的判斷。

客訴對應如果有律師的介入，可能會走到訴訟的地步，但還是儘可能避免讓事情走到訴訟的地步。如果什麼都找律師商量，那麼律師其他的事情都不用做了，而且律師費也是高的嚇人。

不過，從組織的角度來看，發生緊急事態的時候，確保馬上有律師可商量是很重要的。如果可以做到這點，即使不是實際要找律師商量，也能安心地做出對應。向客訴者告知「要與律師商量」的時候，也可以表示出我方即使要採取法律行動也不退讓的態度。當對方知道有法律專家介入的時候，應該也不會做出無理的要求。

看圖來找碴

這張圖中，有很多作為客訴對應不應該出現的地方。
答案請看159頁。

advice

不當損害也會產生賠償責任

損害賠償是遭受不法行為（149頁）的被害者向加害者提出請求。例如，顧客的財產遭受損害、受傷、受到精神上的痛苦的情況、都可以構成損害賠償的要件。

基於原則，損害賠償可以以金錢來補償。賠償金額依據受害的狀況而有所不同。受傷的時候，除了治療費與住院費之外，無法工作的情況，也必須要賠償無法工作期間的所得收入。

另外，損害名譽的情況之類，可以用道歉啟示或登報道歉等，作為賠償的行為。

消費者保護等相關知識 有助於做出對客訴對應的判斷

◆ 企業的立場高於消費者

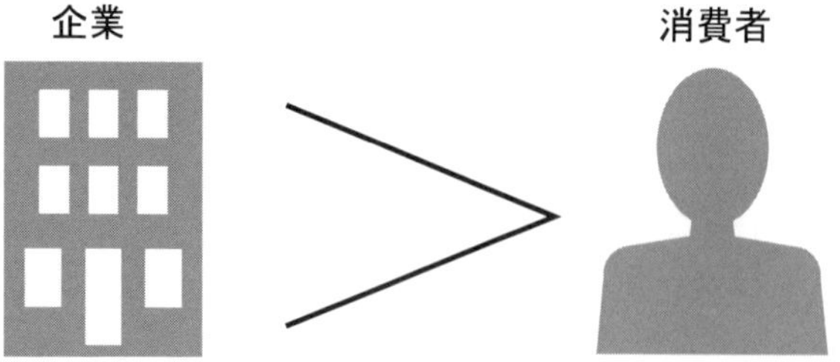
企業
消費者

如果比較消費者與企業的力量關係，消費者在資訊的量與質、交涉力、資金、甚至是交涉等各方面都是站在弱勢的立場。

產生為了使消費者與企業站在對等立場的法律

買賣的規則

物品的買賣須依照賣方與買方的契約來進行。應該要認識因為買賣而產生的權利義務。

買賣契約的成立

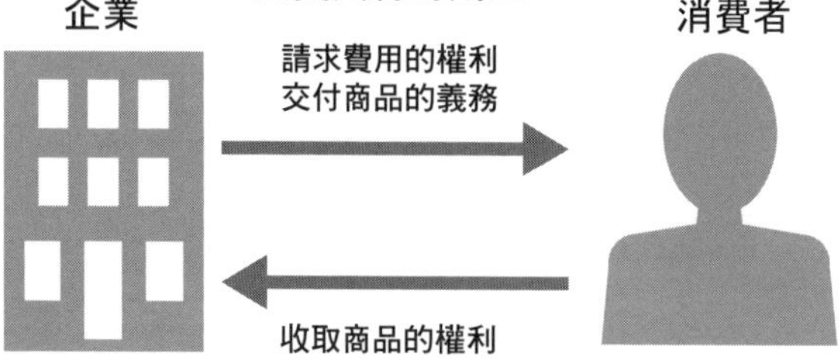
企業
消費者
請求費用的權利
交付商品的義務
收取商品的權利
支付費用的義務

客訴對應是依據法令來進行的，所以不可欠缺對於民法與消費者保護的相關知識。

根據買賣，企業與消費者會產生如上述的權利與義務。為了確實保護雙方的利益，因而有各種的法律。

（註：本篇依據日本法令而寫，台灣情況適用與否僅供參考。）

保護消費者的利益，穩定消費生活的安全與提升

消費者基本法

如同右圖所示，為了保護消費者利益而制定的綜合施行措施。
目的在於讓消費者與企業有對等的立場，促進消費生活更加完善。

確保安全
進行適當的選擇
提供受害的救濟援助
可以知道必要的資訊
消費者的權利
能夠反映意見
接受消費者教育

資料來源：「消費者2007手冊」內閣府

補強資訊與交涉能力的落差、解決契約問題

消費者契約法

這是消費者與企業（事業單位）締結契約的時候，當事業單位發生不當行為的時候，可以藉此取消契約的法律。誠實面對消費者的企業無須有任何擔心。

可以取消契約的案例

對企業方來說，可以說不確實的事情確實存在。故意隱瞞缺失、制定法律之外的取消費用、延遲損害金等，都是違背消費者利益的情況。

欸？你明明說過能大賺一筆啊！

因為產品缺失而受害的話，製造商要負責

製造物責任法（PL法）

這是因為產品缺乏安全性而產生受害狀況時適用的法律。讓因為有缺陷的商品而受傷、受到財產的損害的消費者，能夠得到充分的損害賠償，就是此法的目的。

有對象的商品

製造、以及加工等動產，如車子、電視機、衣服、罐裝咖啡等各種物品。

無對象的商品

不動產、無製造以及無加工的農林水產品。例如銷售與服務等。

如果是在國外製造的商品？

如果是在國外製造的商品，則向進口業者請求賠償。實際上，即使沒有製造、進口，如果有「原製造商」、「原進口商」，也可以請求賠償。

為了推銷員銷售等容易產生糾紛的做法

特定買賣方式相關的法律

對於容易引起消費者糾紛的特定方式，為了防止糾紛而建立的規則，以及對於勸誘行為的規範。利用網路的郵購方式也有設立一定的規範。

鑑賞期制度（cooling-off）

針對特定的買賣，訂購之後或是訂立契約之後在一定期間內，消費者可以在不用預告的情況下，無條件解除契約。

成為對象的六類販售方法

推銷員銷售

到家裡拜訪、在路上攔客、沒有說明銷售目的就用電話找人等的銷售方式。

郵購

透過報紙、雜誌、網路等刊登廣告，以郵購或是傳真方式接受訂購的銷售方式。

電話推銷

打電話推銷、接受訂購商品的銷售方式。

直銷方式

勸誘成為銷售員的方式，這個銷售者再拉下一個人進來當銷售者的形式，以擴大銷售組織的方式販售。

特定的持續性勞務提供

美容、補習班、語言教室、婚姻介紹所服務等以高額費用做長期的、持續性的方式。

業務相關引誘的銷售方式

因為提供工作，而因為這工作需要所提供商品等購買的服務。

制定正確使用個人資料的規範

個人情報保護法

此法的目的在於考量消費者與事業單位彼此的權利與利益，以取得雙方「保護與利用」的平衡。
即使禁止利用個人情報，也不可以用在促進宣傳上。

除了關於個人情報的保護法令，其他法令也有各種規定。

這個系統的安全是萬無一失的。
情報系統的監視也要麻煩你們了。

其他相關的主要法律

認識像這樣的法律之後，可以作為判斷法律上、社會上的責任的基準。

公益通報者保護法…不是為了獲得不正當的利益，而是為了公益正義而通報、保護勞動者的法律。根據這項法令，可以說內部告發的例子增加不少。

消防法…關於日常的火災預防與消防設備等的相關法律。規範了關於逃難路線的確保、逃難器具的準備等。

智慧財產權…特許權、商標權、實用新型專利等產生智慧創造的創造者的財產。在各種法律下受到保護。

155頁的答案
- ●人數差太多（5對2）
- ●桌上有可能變成兇器的煙灰缸
- ●提供飲料

客訴對應時，人數要與對方相同或是多一個人左右。這樣我方才能以人數創造威勢。另外，面對惡質的客訴的時候，不需要提供飲料。讓對方慢慢來、耗時間也會變得很麻煩。

新商業周刊叢書　0673

弘兼憲史客訴處理入門

國家圖書館出版品預行編目資料

弘兼憲史客訴處理入門 / 弘兼憲史、援川聰著；王美智譯.
—— 初版. —— 臺北市：商周, 城邦文化, 2010. 03
面；　公分.——（新商叢；0334）
譯自：知識ゼロからクレーム處理入門
ISBN 978-986-6285-47-9(平裝)
1. 顧客關係管理　2. 顧客服務

496.5　99003403

原出版者／幻冬舍
原 著 者／弘兼憲史、援川聰
譯　　者／王美智
企劃選書／王筱玲
責任編輯／王筱玲、劉芸
版　　權／翁靜如
總 編 輯／陳美靜
文字校對／陳宥媛
行銷業務／林秀津、周佑潔、莊英傑、何學文
總 經 理／彭之琬

發 行 人／何飛鵬
法律顧問／台英國際商務法律事務所 羅明通律師
出　　版／商周出版
臺北市中山區民生東路二段141號9樓
電話：(02) 2500-7008　傳真：(02) 2500-7759
商周部落格：http://bwp25007008.pixnet.net/blog
E-mail：bwp.service@cite.com.tw
發　　行／英屬蓋曼群島商家庭傳媒股份有限公司　城邦分公司
臺北市中山區民生東路二段141號2樓
讀者服務專線：0800-020-299　24小時傳真服務：02-2517-0999
讀者服務信箱E-mail：cs@cite.com.tw
劃撥帳號：19833503　戶名：英屬蓋曼群島商家庭傳媒股份有限公司城邦分公司
訂購服務／書虫股份有限公司客服專線：(02)2500-7718；2500-7719
服務時間：週一至週五上午09:30-12:00；下午13:30-17:00
24小時傳真專線：(02)2500-1990；2500-1991
劃撥帳號：19863813　戶名：書虫股份有限公司
E-mail：service@readingclub.com.tw
香港發行所／城邦(香港)出版集團有限公司
香港灣仔駱克道193號東超商業中心1樓
電話：852-2508 6231 傳真：852-2578 9337
E-mail：hkcite@biznetvigator.com
馬新發行所／城邦(馬新)出版集團
Cite (M) Sdn. Bhd.
41, Jalan Radin Anum, Bandar Baru Sri Petaling, 57000 Kuala Lumpur, Malaysia.
電話：(603) 9057-8822　傳真：(603) 9057-6622　E-mail: cite@cite.com.my

內文排版&封面設計／因陀羅
印　　刷／鴻霖印刷傳媒股份有限公司
總 經 銷／聯合發行股份有限公司　電話：(02)2917-8022　傳真：(02)2911-0053
地址：新北市231新店區寶橋路235巷6弄6號2樓

■2010年3月9日初版　Printed in Taiwan
■2018年5月8日二版1刷

定價260元　

ISBN　978-986-6285-47-9

城邦讀書花園
www.cite.com.tw